Django框架应用实践

王艳娟　崔　敏　王彤宇　主编
王秀红　张玉叶　副主编

清华大学出版社
北京

内容简介

本书教学内容包括1+X“Python程序开发(中级)”中Django部分考核的全部内容。本书按照职业岗位需求,结合高职生学习特点,以学生为主体,以教师为主导,以岗位能力设计教学模块,采用“教、学、做”一体化教学方法,依据“项目引领,任务驱动”模式将Django基础知识、框架结构、访问原理、MySQL数据库连接与操作、与前端流行框架结合、分页模块、模板继承等内容进行重构,设计了11个典型教学项目。

本书可作为高职高专电子与信息大类人工智能技术应用专业、大数据技术、云计算技术应用等专业技术类课程教材,适合有一定Python基础、HTML和CSS语言基础,并了解JavaScript和MySQL的学习者使用本书。

图书在版编目(CIP)数据

Django框架应用实践/王艳娟,崔敏,王彤宇主编.—北京:清华大学出版社,2024.3
ISBN 978-7-302-65072-0

Ⅰ.①D… Ⅱ.①王… ②崔… ③王… Ⅲ.①软件工具—程序设计 Ⅳ.①TP311.561

中国国家版本馆CIP数据核字(2024)第003478号

责任编辑:张　弛
封面设计:刘　键
责任校对:刘　静
责任印制:宋　林

出版发行:清华大学出版社
网　　址:https://www.tup.com.cn, https://www.wqxuetang.com
地　　址:北京清华大学学研大厦A座　　**邮　　编**:100084
社 总 机:010-83470000　　**邮　　购**:010-62786544
投稿与读者服务:010-62776969, c-service@tup.tsinghua.edu.cn
质量反馈:010-62772015, zhiliang@tup.tsinghua.edu.cn
课件下载:https://www.tup.com.cn,010-83470410
印 装 者:三河市人民印务有限公司
经　　销:全国新华书店
开　　本:185mm×260mm　　**印　张**:10.5　　**字　　数**:253千字
版　　次:2024年3月第1版　　**印　　次**:2024年3月第1次印刷
定　　价:48.00元

产品编号:101729-01

前言

Django 是用 Python 开发的一个免费开源的 Web 框架，几乎囊括了 Web 应用的方方面面，可以用于快速搭建高性能、优雅的网站，Django 提供了许多网站后台开发经常用到的模块，使开发者能够专注于业务部分。

Django 框架支持主流的操作系统平台，包括 Windows、Linux、macOS 等。Python Django 框架是一款全能型框架，它内置了许多模块，极大方便了 Web 开发者，也正是由于它的“全面性”，初学者会在学习 Django 时感到不知该如何下手。

本书将从初学者的角度出发，以通俗易懂的方式讲解 Django 的知识点。从项目的创建到与前端框架结合以及核心模块的讲解，一切从简单出发但又紧扣 Django 知识点，通过项目让读者在学习知识的同时又能体会到快速实现 Web 开发的乐趣，把企业应用融汇在知识点中，给读者豁然开朗的感觉。在延伸阅读中实现了知识点拓展，与党的二十大报告精神、工匠精神、团队协作等紧密结合，于细微处实现教书育人。现在就让我们一起出发来领略 Django 框架别样的魅力吧！

本书编写成员来自济南职业学院、山东闪亮智能科技有限公司等，构成了学校、企业、行业紧密结合的课程团队。主要执笔人员：济南职业学院王艳娟负责全书统稿，编写项目七～项目十一；济南职业学院崔敏编写项目一、项目二；济南职业学院王彤宇编写项目四、项目六；济南职业学院王秀红编写项目五；济南职业学院张玉叶编写项目三；山东闪亮智能科技有限公司的闫东晨工程师为课题组提供了企业级素材，并对本书编写体例提出了宝贵意见。

虽然在本书编写过程中力求准确、完善，但书中仍难免有疏漏或者不足之处，恳请广大读者批评、指正，在此深表谢意！

编　者

2023 年 12 月

如何学好 Django

Django 是什么

教学课件

目 录

项目一

初识 Django

需求分析

本项目主要任务是认识 Django、理解 Django 的设计模式，能成功创建并启动 Django 项目，实现向世界问好。

学习目标

知识目标：

1. 掌握 Django 框架的安装；
2. 了解 Django 框架设计模式；
3. 掌握 Django 项目创建。

能力目标：

1. 能使用 PyCharm 开发环境创建 Django 项目；
2. 能理解 Django 框架运行原理。

素质目标：

1. 培养学生自主学习能力；
2. 培养学生善于解决问题的能力。

预备知识

一、Django 框架设计模式

（一）Web 开发的基本术语

1. C/S 架构

1）C/S 架构概念

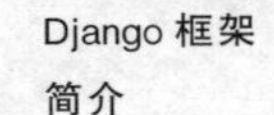

Django 框架简介

C/S 架构（Client/Server 架构）是一种较早的软件架构，主要用于局域网内，也叫客户机/服务器模式。它可以分为客户机和服务器两层。

第一层是客户机，主要是在客户机系统上结合了界面显示与业务逻辑。

第二层是服务器，主要是通过网络结合了数据库服务器。

简单地说，就是第一层是用户表示层，第二层是数据库层。客户端不仅是一些简单的操作，它也会处理一些运算及业务逻辑等。也就是说，客户端也做着本该由服务器来做的一些事情，为此 C/S 的客户端是胖客户端。

2）C/S 架构特点

优点：CS 能充分发挥客户端 PC 的处理能力，很多任务可以在客户端处理后再提交给

服务器，用户体验好。

缺点：对于不同操作系统要相应开发不同的版本，并且对于计算机配置要求较高。

2. B/S 架构

1）B/S 架构的概念

Browser(Browser/Server 架构)是指 Web 浏览器，极少数事务逻辑在前端实现，主要事务逻辑在服务器端实现。B/S 架构的系统无须特别安装，只要有 Web 浏览器即可。

与 C/S 架构只有两层不同的是，B/S 架构有三层。

第一层为表现层，主要完成用户和后台的交互及最终查询结果的输出功能。

第二层为逻辑层，主要利用服务器完成客户端的应用逻辑功能。

第三层为数据层，主要接收客户端请求后独立进行各种运算。

其实就是前端现在做的一些事情，大部分的逻辑交给后台来实现，前端大部分做一些数据渲染、请求等比较少的逻辑，B/S 的客户端是瘦客户端。

2）B/S 架构的优缺点

优点：分布性强、维护方便、开发简单且总体成本低。

缺点：存在数据安全性问题、对服务器要求过高、数据传输速度慢、软件的个性化特点明显降低，难以实现传统模式下的特殊功能要求。

（二）两种设计模式

在 Web 设计领域有两个著名的设计模式——MVC 和 MTV。

1. MVC 设计模式

1）MVC 模式简介

MVC 全名 Model View Controller，是模型(Model)—视图(View)—控制器(Controller)的缩写，是一种软件设计典范，用一种业务逻辑、数据、界面显示分离的方法组织代码，将业务逻辑聚集到一个部件中，在改进和个性化定制界面及用户交互的同时，不需要重新编写业务逻辑(图 1-1)。

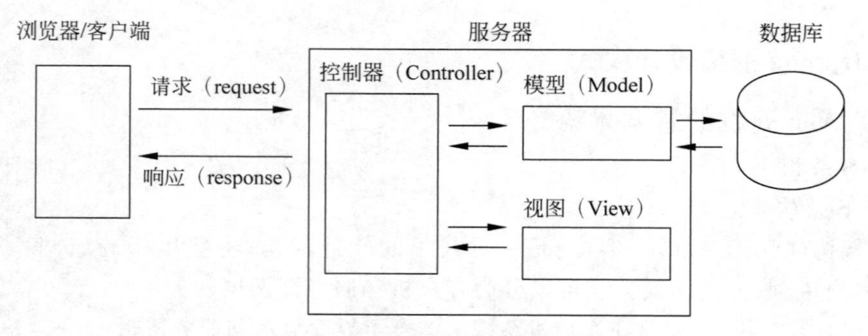

图 1-1　MVC 设计模式示意图

Model 代表数据存储层，是对数据表的定义和数据的增删改查，一般放在 models. py 文件中。

View 代表视图层，是系统前端显示部分，它负责显示什么和如何进行显示，主要是 HTML 静态网页文件，即 HTML、CSS、JS 等前端的内容。

Controller 代表控制层，编写业务逻辑相关的代码，负责根据从 View 层输入的指令来检索 Model 层的数据，并在该层编写代码产生结果并输出，MVC 设计模式如图 1-1 所示。

2）MVC 设计模式的请求与响应过程

用户通过浏览器向服务器发起请求(request)，Controller 层接收请求后，同时向 Model 层和 View 层发送指令。

Model 层根据指令与数据库交互并选择相应业务数据，然后将数据发送给 Controller 层。

View 层接收到 Controller 的指令后，加载用户请求的页面，并将此页面发送给 Controller 层。

Controller 层接收到 Model 层和 View 层的数据后，将它们组织成响应格式发送给浏览器，浏览器通过解析后把页面展示出来。

3）MVC 模式特点

MVC 三层之间紧密相连，但又相互独立，每一层的修改都不会影响其他层，每一层都提供了各自独立的接口供其他层调用。MVC 的设计模式降低了代码之间的耦合性(即关联性)，增加了模块的可重用性。

2. MTV 设计模式

1）MTV 模式简介

Django 借鉴了经典的 MVC 模式，它将交互的过程分为三个层次，也就是 MTV 设计模式，如图 1-2 所示。

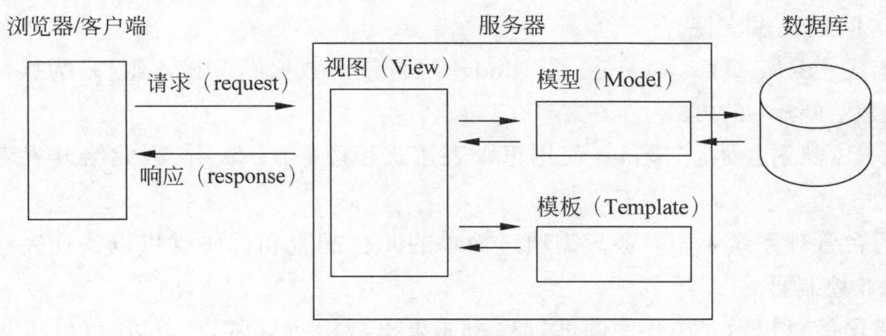

图 1-2 MTV 设计模式示意图

Model 代表数据存储层，处理所有数据相关的业务，和数据库进行交互，并提供数据的增删改查。

Template 代表模板层(也叫表现层)具体来处理页面的显示。

View 代表业务逻辑层，处理具体的业务逻辑，它的作用是连通 Model 层和 Template 层。

MTV 设计模式中用 View 层取代了 Controller 层的位置，用 Template 层取代了原来 View 层的位置。Template 是“模板”的意思，它是一个 HTML 页面，HTML 页面的渲染在视图层完成。

2）MTV 设计模式的请求与响应过程

用户通过浏览器对服务器发起请求(request)，服务器接收请求后，通过 View 层的业务逻辑层进行分析，同时向 Model 层和 Template 层发送指令。

Model 层与数据库进行交互，将数据返回给 View 层。

Template 层接收到指令后，调用相应的模板，并返回给 View 层。

View 层接收到模板与数据后，首先对模板进行渲染，然后组织成响应格式返回给浏览器，浏览器进行解析后并最终呈现给用户。

3. MVC 与 MTV 对比

MTV 是 MVC 的一种细化，将原来 MVC 中的 View 层拿出来进行分离，视图的显示交给 Template 层，而 View 层更专注于实现业务逻辑。其实在 Django 中是有 Controller 层的，只不过它由框架本身来实现，Django 更关注于 M、T 和 V。MVC 与 MTV 在本质上是一样的，都是为了分工明确，降低耦合。

二、Django 简介

Django 是使用 Python 语言开发的一款免费而且开源的 Web 应用框架，由于 Python 语言的跨平台性，所以 Django 同样支持 Windows、Linux 和 Mac 系统。除了 Django 外，还有可以实现快速建站的 Flask 和支持高并发处理的 Tornado，而 Django 是最有代表性的一款，它们三者是当前最流行的 Python Web 框架。

使用 Django 只要很少的代码，Python 的程序开发人员就可以轻松地完成一个正式网站所需要的大部分内容，并进一步开发出全功能的 Web 服务，其主要特点如下。

(1) 完善的文档：经过 10 余年的发展和完善，Django 官方提供了完善的在线文档，为开发者解决问题提供支持。

(2) 集成 ORM 组件：Django 的 Model 层自带了数据库 ORM 组件，为操作不同类型的数据库提供了统一的方式。

(3) URL 映射技术：Django 使用正则表达式管理 URL 映射，因此给开发者带来了极高的灵活性。

(4) 后台管理系统：开发者只需通过简单的几行配置和代码就可以实现完整的后台数据管理 Web 控制台。

(5) 错误信息提示：在开发调试过程中如果出现运行异常，Django 可以提供非常完整的错误信息帮助开发者定位问题。

三、Django 处理请求过程

（一）处理过程

用户通过浏览器发送请求；当请求到达 request 中间件，中间件对请求(request)做预处理或者直接返回 response；若未返回 response，会到达 URLConf 路由，找到对应视图函数；视图函数做相应预处理或直接返回 response；View 中的方法可以选择性地通过 Model 访问底层的数据；取到相应数据后回到 Django 模板系统，Templates 通过 filter 或 tags 把数据渲染到模板上，返回 response 到浏览器展示给用户。

（二）过程流程

流程(图 1-3)中最主要的几个部分是：Middleware(中间件)、URLConf(URL 映射关系)、Template(模板系统)，后面将会详细地讲解。

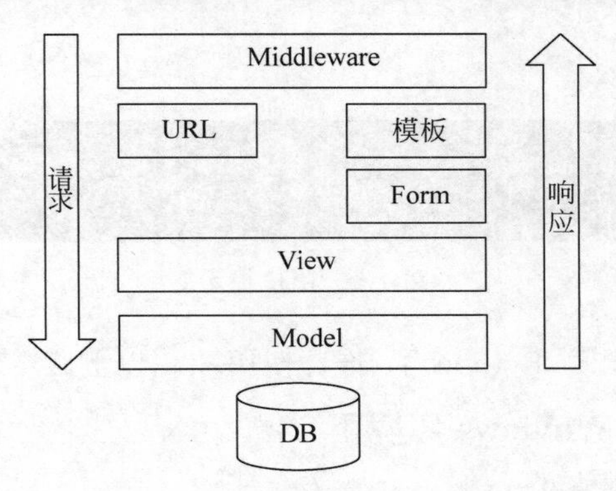

图 1-3　Django 处理请求示意图

学习要点

一、知识一览图

实现本项目需要的知识如图 1-4 所示。

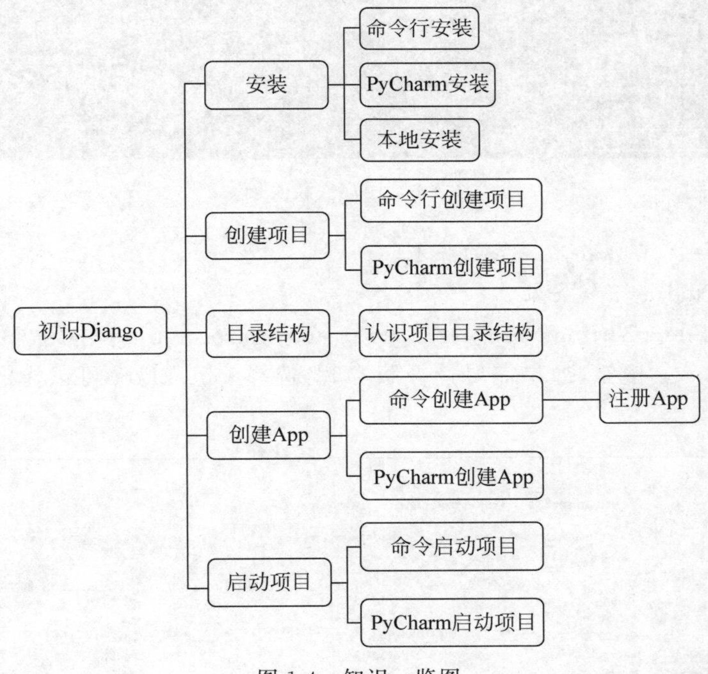

图 1-4　知识一览图

二、Django 框架的安装

（一）Django 框架安装预备工作

提示：需要在有 Python 的基础上安装 Django 框架。

最新版本的 Python 可以通过访问 https://www.python.org/downloads/或者操作系统的包管理工具获取。用户可以在 shell 中输入 Python 来确定是否安装过 Python，会出现如图 1-5 所示提示信息。

```
C:\Users\wyj>python
Python 3.8.10 (tags/v3.8.10:3d8993a, May  3 2021, 11:48:03) [MSC v.1928 64 bit (AMD64)] on win32
Type "help", "copyright", "credits" or "license" for more information.
>>>
```

图 1-5　用户提示

出现图 1-5 说明已经装过 Python 了，推荐使用 3.8 以上版本。

（二）安装 Django（Windows 环境下）

安装 Django 有以下两种方式。

1. 命名行安装方式

按 Win+R 组合键打开运行窗口，输入 cmd，进入命令行模式，输入命令：pip install Django，系统将自动下载并安装，最后显示下载成功字样，如图 1-6 所示。

```
C:\Users\Nicole>pip install Django   命令
WARNING: pip is being invoked by an old script wrapper. This will fail in a future version of pip.
Please see https://github.com/pypa/pip/issues/5599 for advice on fixing the underlying issue.
To avoid this problem you can invoke Python with '-m pip' instead of running pip directly.
Collecting Django
  Downloading Django-4.0.4-py3-none-any.whl (8.0 MB)
     ---------------------------------------- 8.0/8.0 MB 12.8 kB/s eta 0:00:00
Requirement already satisfied: backports.zoneinfo in c:\program files (x86)\python38-32\lib\site-packages (from Django) (0.2.1)

Requirement already satisfied: asgiref<4,>=3.4.1 in c:\program files (x86)\python38-32\lib\site-packages (from Django) (3.4.1)
Requirement already satisfied: tzdata in c:\program files (x86)\python38-32\lib\site-packages (from Django) (2021.2.post0)
Requirement already satisfied: sqlparse>=0.2.2 in c:\users\nicole\appdata\roaming\python\python38\site-packages (from Django) (
0.3.1)
Installing collected packages: Django
Successfully installed Django-4.0.4   下载成功
```

图 1-6　用户安装页面

提示：使用==可以指定安装的版本。

2. 通过 PyCharm 下载安装

具体路径：File→Settings→Project：→Project Interpreter→单击"+"→输入 Django→单击 Install Package 按钮，如果需要选择版本时，选择 CheckBox 可以指定版本，如图 1-7 和图 1-8 所示。

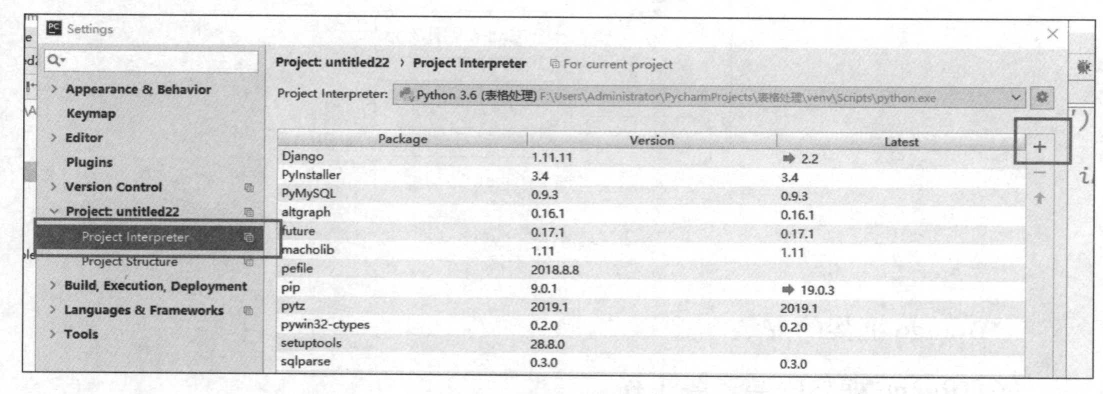

图 1-7　PyCharm 安装页面 1

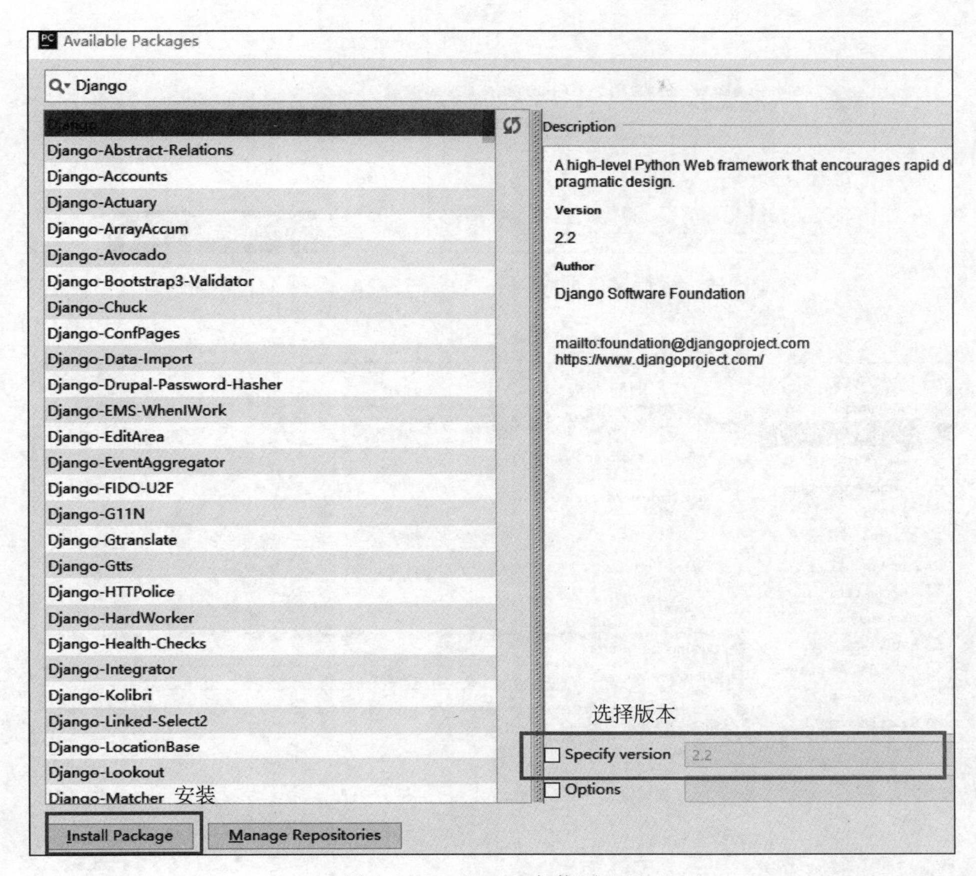

图 1-8　PyCharm 安装页面 2

三、创建第一个项目

（一）项目创建方式

Django 项目创建

1. 使用命令行创建项目

若用户需要在 E:\pycharmProject 目录下创建项目 mysite，具体实现过程如下。

（1）按 Win＋R 组合键打开运行窗口，输入 cmd，如图 1-9 所示。

（2）切换文件目录到 E 盘，输入 E:。

（3）切换到文件目录，输入 cd pycharmProject，此时运行窗口如图 1-10 所示。

（4）输入创建 Django 命令：django-admin startproject mysite，打开文件目录可以看到项目已经创建。

2. 使用 PyCharm 创建项目

具体实现过程如下：File→New Project→Django→项目存放地址和项目名称→配置环境（默认用系统环境）→单击 create，如图 1-11 所示。

注：可适当对项目存放地址和项目名称进行修改。

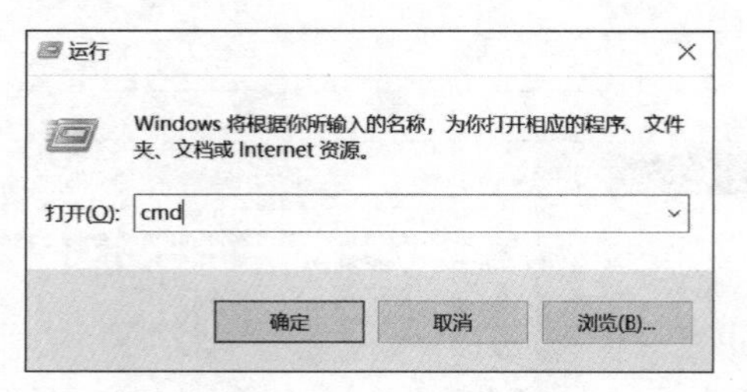

图 1-9　运行窗口页面

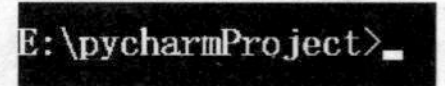

图 1-10　切换目录

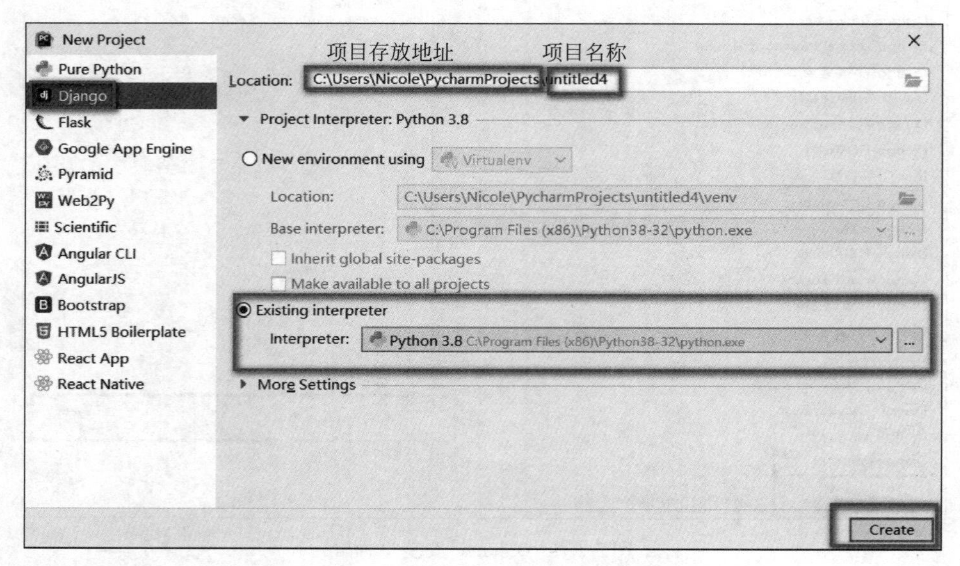

图 1-11　使用 PyCharm 创建项目

（二）打开已创建的项目

（1）使用命令行创建的项目，使用 PyCharm 打开即可，具体实现过程：File→Open 找到创建的项目打开即可。

（2）使用 PyCharm 创建的项目，将自动打开。

（三）项目目录介绍

创建了 Django 项目后会出现如图 1-12 所示目录结构。

（1）与项目同名的目录用于存放项目配置文件。

（2）templates 目录用于存放 HTML 等文件，也就是 MTV 中的 T。

（3）manage. py 是 Django 项目用来管理主程序，以后和项目交互基本上都是基于这个文件。

（4）settings. py 是项目的设置项，以后所有和项目相关的配置都是放在这个设置项中。

（5）urls. py 文件是用来配置 URL 路径的。例如，访问 http://127. 0. 0. 1/news/时访问新闻列表页就需要在这个文件中完成。

（6）视图函数（views. py）简称视图，它接收 Web 请求并且返回 Web 响应。其中每个视图都要返回一个 HttpResponse 对象。

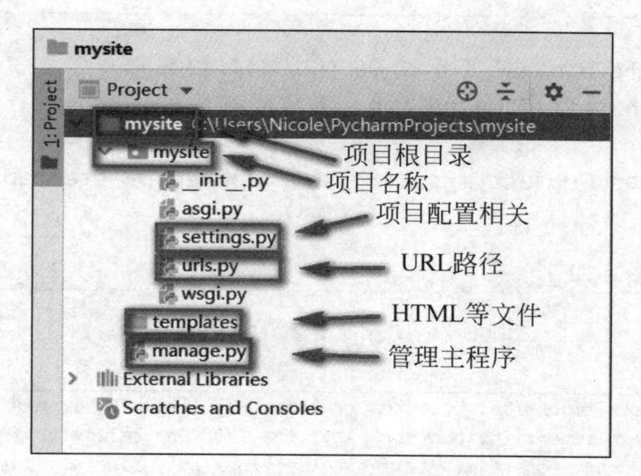

图 1-12　目录结构

（7）wsgi.py 是项目与 WSGI 协议兼容的 Web 服务器入口，部署时需要用到，一般情况下不需要修改。

四、创建项目 App

一个项目(project)就相当于××大学，一个 App 就相当于××学院。App 是 Django 项目的组成部分，一个 App 代表项目中的一个模块，所有 URL 请求的响应都是由 App 来处理。比如豆瓣，里面有图书、电影等许多模块，如果站在 Django 的角度来看，图书、电影这些模块就是 App，图书、电影这些 App 共同组成豆瓣这个项目。Django 项目由许多 App 组成，一个 App 可以被用到其他项目，Django 也能拥有不同的 App，所有的 App 共享项目资源。

（一）使用命令行模式创建 App（建议使用该方式创建）

1. 创建应用

找到 Terminal 终端，使用命令进行创建应用，如图 1-13 所示。

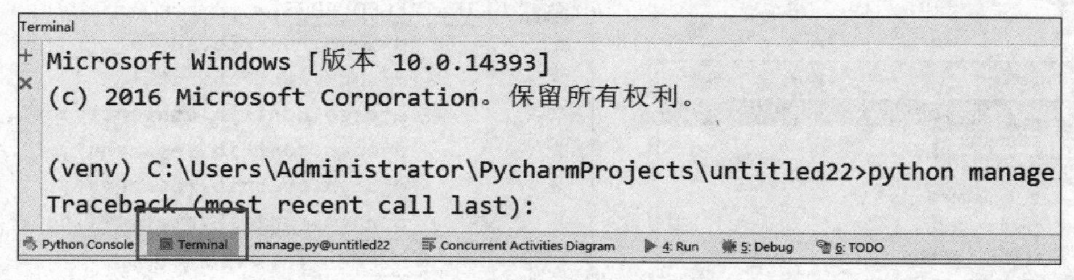

图 1-13　PyCharm 中的 Terminal

2. 创建 App 命令格式

1）格式

“python manage.py startapp App 名称”或“py manage.py startapp App 名称”，如图 1-14 所示。

输入命令后按 Enter 键，出现如图 1-15 所示错误提示页面。

2）处理方案

未引入 os 模块导致了程序错误，为此需要在 settings.py 文件中引入 os 模块：import os，再重新执行创建 App 命令，出现如图 1-16 所示信息，表示创建成功。

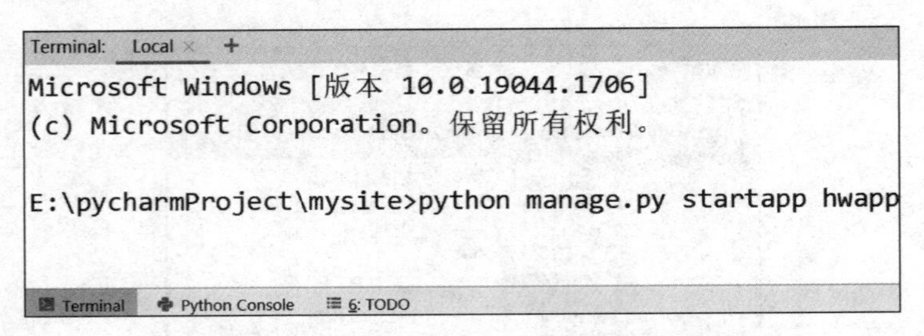

图 1-14 使用 PyCharm 创建 App

```
  File "<frozen importlib._bootstrap_external>", line 850, in exec_module
  File "<frozen importlib._bootstrap>", line 228, in _call_with_frames_removed
  File "E:\pycharmProject\mysite\mysite\settings.py", line 57, in <module>
    'DIRS': [os.path.join(BASE_DIR, 'templates')]
NameError: name 'os' is not defined
```

图 1-15 错误提示页面

```
E:\pycharmProject\mysite>python manage.py startapp hwapp

E:\pycharmProject\mysite>
```

图 1-16 使用 PyCharm 创建 App 成功

此时刷新项目目录,可以看到名为 hwapp 的 App 创建成功,如图 1-17 所示。

3. 注册 App 应用

具体实现过程:找到项目配置文件 settings. py 中的 INSTALLED_AppS,将新建的 hwapp 进行注册,如图 1-18 所示。

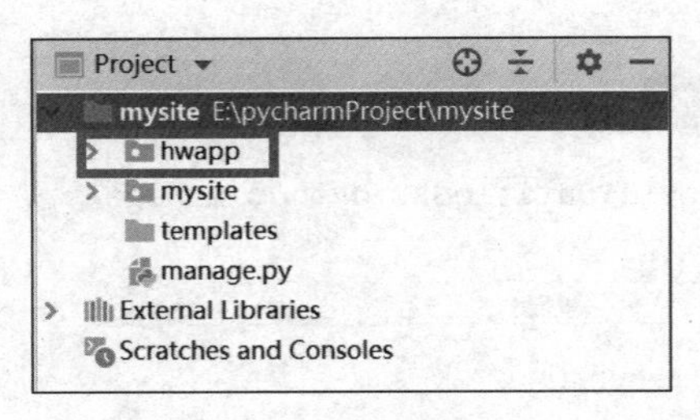

图 1-17 App 目录结构

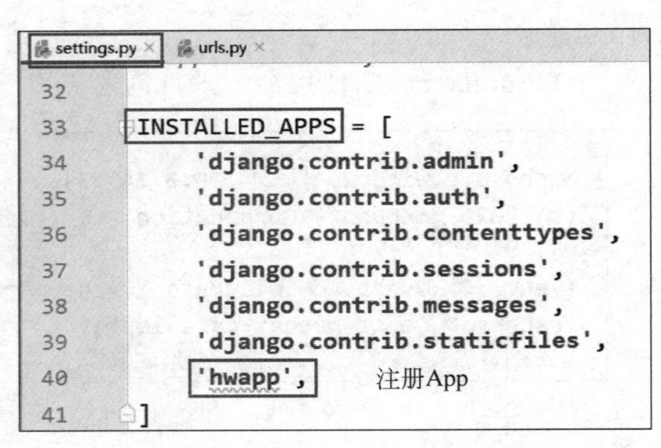

图 1-18 注册 App

(二) 使用 PyCharm 创建项目时直接创建 App

具体操作如图 1-19 所示。

注意:使用命令行创建的应用,一定要在 settings. py→INSTALLED_APPS 中加入 App 名字进行注册,使用 PyCharm 创建的 App 则不用。

(三) 认识 App 结构

项目中创建了 App 后,目录结构如图 1-20 所示。

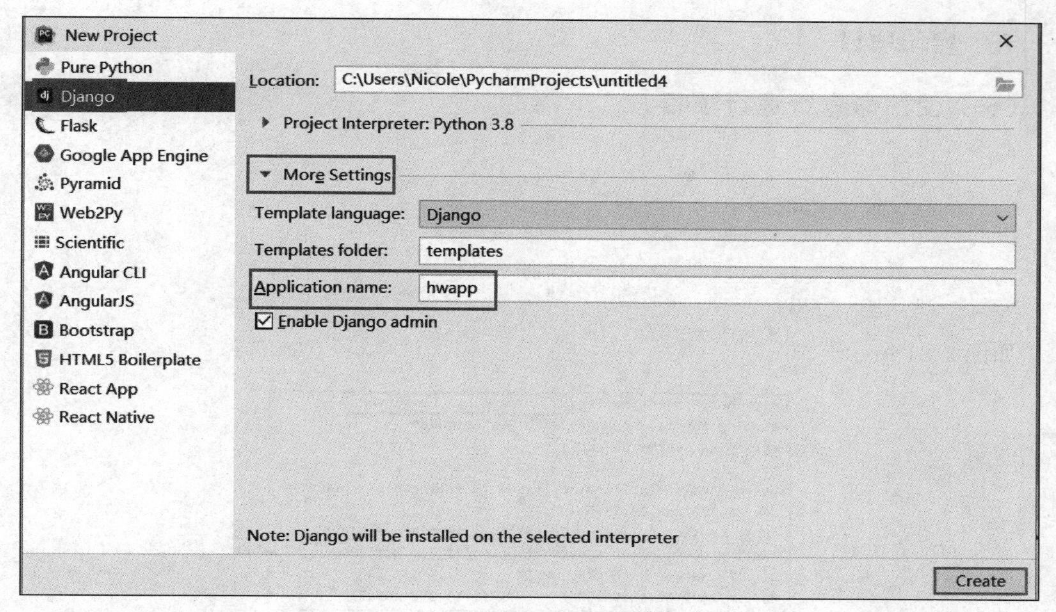

图 1-19 创建项目时直接创建 App

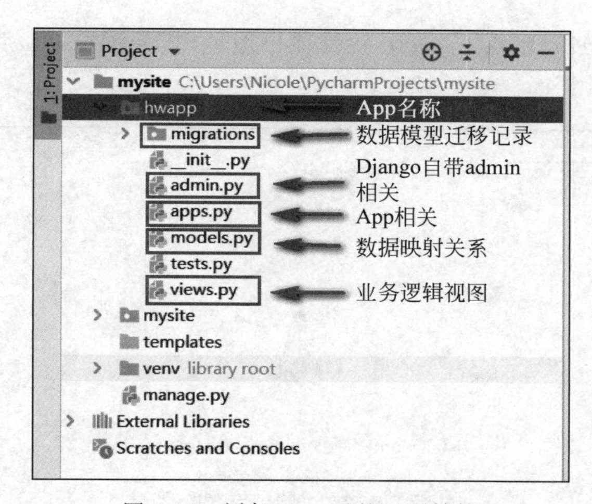

图 1-20 添加 App 后的目录结构

(1) App 下的 migrations 文件夹：保存数据迁移的中间文件。

(2) App 下的__init__.py：应用子包的初始化文件。

(3) App 下的 admin.py：应用的后台管理配置文件。

(4) App 下的 apps.py：应用的属性配置文件。

(5) App 下的 models.py：主要用来定义项目所涉及的数据库中表名和各字段类型、限制等。

(6) App 下的 tests.py：应用的单元测试文件。

(7) App 下的视图层 view.py：用来定义后端处理的函数，如后端查询数据库、详情页面请求数据、新增、删除后端处理等。

五、启动项目

（一）使用命令行运行项目

命令：

```
py manage.py  runserver
```

或

```
py  manage.py  runserver  80  #指定端口
```

如图 1-21 所示。

```
E:\pycharmProject\mysite>py  manage.py  runserver
Watching for file changes with StatReloader
Performing system checks...

System check identified no issues (0 silenced).
June 08, 2022 - 09:43:50
Django version 4.0.4, using settings 'mysite.settings'
Starting development server at http://127.0.0.1:8000/
Quit the server with CTRL-BREAK.
[08/Jun/2022 09:43:58] "GET / HTTP/1.1" 200 10697
```

图 1-21　使用命令行启动项目

使用图中 http://127.0.0.1:8000/就是项目地址，打开浏览器，将项目地址复制在地址栏，出现如图 1-22 所示页面。

图 1-22　运行项目

按 Ctrl+C 组合键结束项目运行，结束后不能再访问。

（二）PyCharm 启动项目

可以使用快捷按钮，单击工具栏中右上角的绿色的三角按钮，如需更改配置信息，则下拉选择 edit configurations 进行配置，如图 1-23 所示。

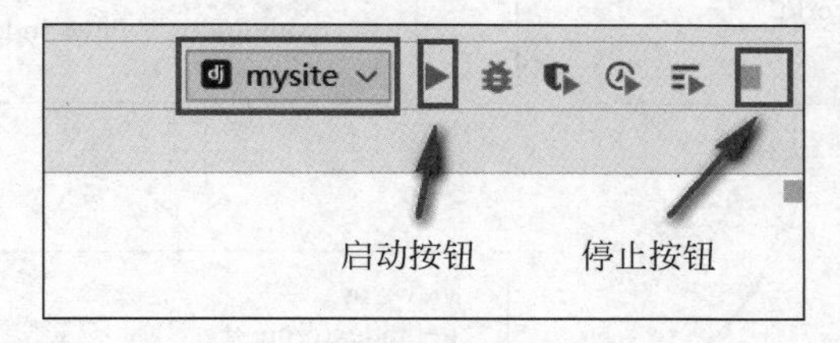

图 1-23　工具栏启动项目

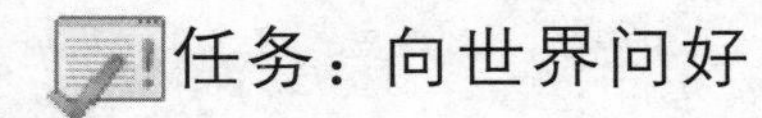

任务：向世界问好

一、任务描述

运行项目，在地址栏中输入 127.0.0.1:8000/index/后显示"Hello World!"，如图 1-24 所示。

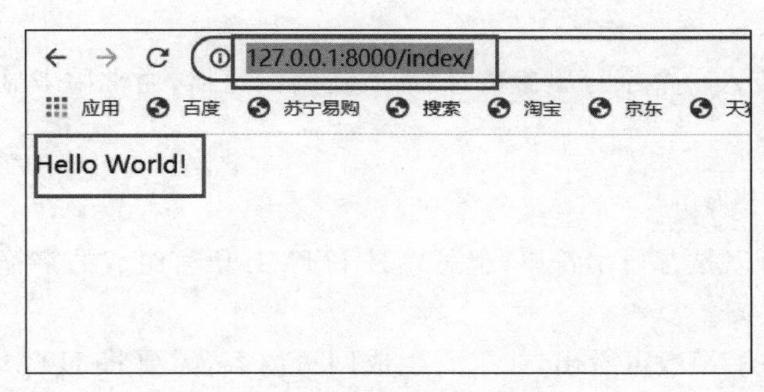

图 1-24　参考结果页面

二、任务实现流程

实现本任务具体流程可参考图 1-25 所示。

具体说明：在浏览器中输入 http://127.0.0.1:8000/index/用户触发页面，系统会去 urls.py 里找路由(route)，在 urls.py 匹配到对应的路径后，就会去 view.py 执行后端代码，执行完后端的操作，前端再接收，完成相应的前端处理。

三、任务功能模块解析

Django 视图和路由

（一）视图文件 view.py

视图函数一般都写在 App 的 views.py 中，视图函数中要处理前端提交的数据，并支持前端的显示请求。视图里所有函数的第一个参数永远且必须是 request 对象。这个对象存储了请求发送的所有信息，包括携带的参数以及一些头部信息等。在视图中，一般是完成逻辑相关的操作，视图函数的返回结果必须是 HttpResponseBase

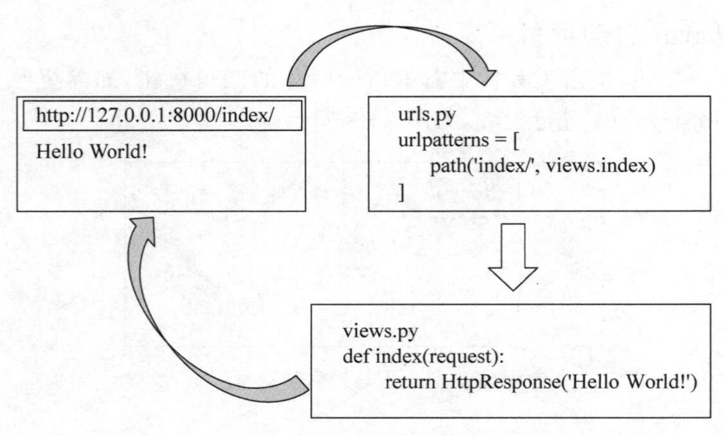

图 1-25、任务实现流程

对象或者子类的对象。常用的 HttpResponseBase 对象或者子类对象有 JsonResponse 和 HttpResponse，其中 HttpResponse 是应用最多的子类，JsonResponse 将在后面项目中讲解。

view. py 中常用的有 HttpResponse 方法、render 方法、redirect 方法。

1. HttpResponse

其作用是内部传入一个字符串参数，然后发送给浏览器，通常用来显示一个字符串。

基本用法：

```
HttpResponse("字符串")
```

说明：字符串可以是普通字符串，也可以是 HTML 语言组成的字符串。

2. render

从 HttpResponse 函数可看出，如果要生成网页内容，需要将 HTML 语言以字符串形式传入，开发者不可能将 HTML 全写在这里，于是 Django 定义了 render 函数。该函数一般可接收两个参数，第一个参数是 request 参数，第二个参数是待渲染的 HTML 模板文件(即 HTML 网页)。其他参数可以是默认选项，例如第三个参数 context 是对模板上下文进行赋值，以字典的形式表示，第四个参数 content_type 是响应内容的数据格式，第五个参数 status 是 HTTP 状态码，第六个参数 using 是设置模板引擎。它的作用就是将数据填充进模板文件，最后把结果返回给浏览器。

render 函数原型如图 1-26 所示。

```
def render(request, template_name, context=None, content_type=None, status=None, using=None):
    """
    Return a HttpResponse whose content is filled with the result of calling
    django.template.loader.render_to_string() with the passed arguments.
    """
    content = loader.render_to_string(template_name, context, request, using=using)
    return HttpResponse(content, content_type, status)
```

图 1-26　render 函数原型

3. redirect

接收一个 URL 参数，表示让浏览器跳转到指定的 URL，使用时需要加上“/”表示根路径。

（二）路由文件 urls. py

路由文件专门用于与视图函数 views. py 的映射，如果来了一个请求就会从这个文件中找到匹配的视图函数。

视图写完后，要与 URL 进行映射，在文件中有一个 urlpatterns 变量，该变量在 URL 文件中是一个 URL 映射列表。在 1. 8 以后的 Django 版本中可直接为列表形式，也可以用 patterns 函数生成。在 1. 7 及以前的版本中则是由 patterns 函数生成。系统会自动遍历 URL 文件中的 urlpatterns 列表然后进行对应的处理函数查找，参考图 1-27。

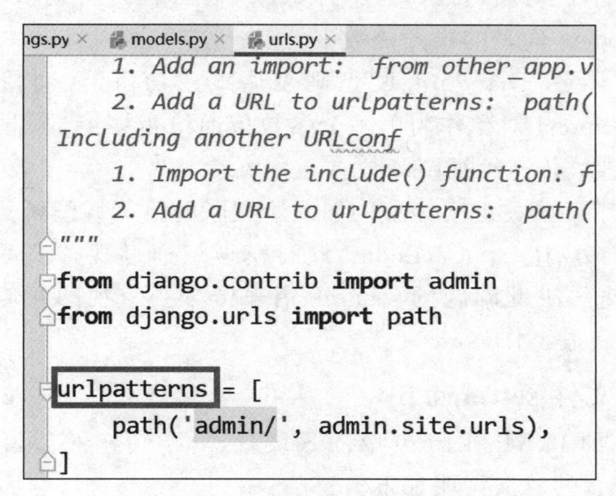

图 1-27　urls. py 路由设置

用户输入了某个 URL 请求网站时 Django 会在项目的 urls. py 文件中，遍历 urlpatterns 列表来查找对应的处理函数（视图）。当 URL 有重复的情况则以找到的第一个为准，成功匹配后，就会执行该 URL 后面的 path 方法，也就是用户可以看到的页面；如果匹配不成功则会报错。

urlpatterns 常用函数：path 和 url。

1. path 函数的作用是解析 URL 地址

path 函数基本形式：

```
path(<route>, <view>, [kwargs= None],[name=None])
```

其中，< >为必选参数；[]为可选参数。

说明：

（1）route 表示路径，从端口以后的 URL 地址到/结束，从 urlpatterns 的第一项开始，按顺序依次匹配列表中的项，直到找到匹配的项。

（2）view 表示 route 匹配成功后需要调用的视图，view 必须是一个函数或者是引用其他的 URLconfs(urls. py)即路由模块。

（3）kwargs 指使用字典关键字传参的形式给关联的目标视图函数传递参数。

（4）name 表示 route 匹配到的 URL 的一个别名，通过给 URL 取名字，以后在 view 或者模板中使用这个 URL 只需要通过这个别名就可以了。这样做的原因是防止 URL 的规则更改,会导致其他用了这个 URL 的地方都需要更改,但是如果取了名字,就不要做任何改动。

2. url 函数用于将视图函数和 URL 关联起来

url 函数基本形式:

```
url(<regex>, <view>, [kwargs= None], [name=None])
```

其中,< >为必选参数;[]为可选参数。

说明:

(1) regex 代表一个正则表达式,凡是与 regex 匹配的 URL 请求都会执行到 url()函数中对应的第二个参数 view 代表的视图函数中。

(2) view 是视图函数,Django 匹配正则表达式成功后,就会找到相应的视图函数,Django 始终用 HttpRequest 对象作为第一个参数传递给视图函数,此外使用 regex 参数中携带的参数作为可选参数传递给视图函数。

(3) kwargs 指使用字典关键字传参的形式给关联的目标视图函数传递参数。

(4) 同一个视图函数有多个 URLconf,此时模板想通过视图获取 URL 时就不知所措了,name 参数就是用来解决此问题的。name 用来区分一个视图对应多个 URLConf 的场景,通过 name 来反向获取 URL。

(三) 项目配置文件 settings. py

settings. ps 配置文件

App 的安装配置,即 INSTALLED_APPS 设置,对于新建的项目,需要添加到该配置下,每个配置的意义说明如下。

- django. contrib. admin:管理站点。
- django. contrib. auth:认证系统。
- django. contrib. contenttypes:用于内容类型的框架。
- django. contrib. sessions:会话框架,session 数据可以在数据库中的 django_session 表中查看。
- django. contrib. messages:消息框架。
- django. contrib. staticfiles:管理静态文件的框架。

四、任务实现过程

(一) 编写业务处理逻辑文件 views. py

向世界问好

1. 文件导入

实现"向世界问好"需要使用 HttpResponse 实现字符串输出,为此需要导入快捷函数 django. shortcuts 中的 HttpResponse 函数:

```
from django.shortcuts import HttpResponse
```

2. 编写视图文件

打开 hwapp 中的视图 views. py 文件,编写 index 函数,实现"向世界问好"。

```
def index(request):
    return HttpResponse("Hello World!")
```

（二）编写路由映射文件 urls. py

1. 导入 App 中的视图

```
from hwapp import views
```

2. 在 urls. py 文件的 urlpatterns 中加入路由设置

```
path('index/', views.index)
```

说明：path('index/',views. index),path 函数中的第一个参数是“index/”,其中的 index 是浏览器访问时输入的路径,第二个参数 views. index 是说明视图函数,用的是 hwapp 中 views 里的 index 方法。

（三）启动项目

项目运行成功后在浏览器中复制网址即可。

任务评价

通过该任务的实现,检查自己是否掌握了以下技能,在表格中给出个人评价。

评价标准	个人评价
能够自主安装 Django 框架	
能够在 PyCharm 集成开发环境中新建 Django 项目	
能够创建项目 App	
能够修改 settins. py 配置文件	
能够理解 Django 的 MTV 原理,编写视图函数以及路由设置	
能够编写 urls. py 实现路由设置	
能够启动项目	

注：A 表示完全能做到,B 表示基本能做到,C 表示部分能做到,D 表示基本做不到。可根据情况填至上表中。

笔记整理

一、Django 创建项目的基本流程

二、Django 创建 App 的方法

三、启动 Django 项目的方法

能力提升

（1）设计一个 Django 项目实现输出：Hello，我爱你中国！

提示步骤：

① 创建项目，自拟名字。

② 创建 App，自拟名字。

③ 编写 views. py 文件，返回‘hello，我爱你中国！’字符串。

④ 指定路由。

⑤ 启动项目。

（2）新建一个 hello. html 文件，网页用来显示“向世界问好”，具体代码可参考如下：

```
<!DOCTYPE html>
<html lang="en">
<head>
    <meta charset="UTF-8">
    <title>hello</title>
</head>
<body>
    <h1>Hello World!</h1>
</body>
</html>
```

提示步骤：

① 创建 index. html 文件。

② 编写 views. py 文件，使用 render 函数实现。

③ 指定路由。

④ 启动项目。

延伸阅读

一、Django 的诞生

Django 诞生于 2003 年的秋天，是由美国堪萨斯州劳伦斯城的一个网络开发小组编写的，目的是快速开发能满足需求的新闻类站点，以比利时的吉普赛爵士吉他手 Django Reinhardt 命名。它鼓励快速开发，并遵循 MVC 设计。初次发布于 2005 年 7 月，并于 2008 年 9 月发布了第一个正式版本 1.0。

Django 是一个很“接地气”的框架，它来自真实世界中的代码，而不是科研项目，具有广泛的开源社区的支持，是 Python Web 中的“第一开发框架”。强大的后台功能、优雅的网址设计、可插拔的 App 理念、开发效率很高、多功能的强大第三方插件，使得 Django 具有较强的可扩展性。

二、程序的耦合、解耦

（一）耦合

1. 耦合概念

耦合是指两个或两个以上的体系或两种运动形式通过相互作用而彼此影响以至联合起

来。在软件工程中,对象之间的耦合度就是对象之间的依赖性。对象之间的耦合度越高,维护成本越高,因此对象的设计应使类和构件之间的耦合度最小。

2. 耦合分类

耦合有软硬件之间的耦合,还有软件各模块之间的耦合。耦合度是程序结构中各个模块之间相互关联的度量,取决于各个模块之间接口的复杂程度、调用模块的方式以及哪些信息通过接口。

(二) 解耦

解耦字面意思就是解除耦合关系。在软件工程中,降低耦合度即可以理解为解耦,模块间有依赖关系必然存在耦合,理论上的绝对零耦合是做不到的,但可以通过一些现有的方法将耦合度降至最低。设计的核心思想:尽可能减少代码耦合,如果发现代码耦合,就要采取解耦技术,让数据模型、业务逻辑和视图显示三层之间彼此降低耦合,把关联依赖降到最低,而不至于"牵一发而动全身"。原则是 A 功能的代码不要写在 B 的功能代码中,如果两者之间需要交互,可以通过接口,通过消息,甚至可以引入框架,但不要直接交叉写。

观察者模式存在的意义就是解耦,它使观察者和被观察者的逻辑不再搅在一起,而是彼此独立、互不依赖。例如网易新闻,当用户切换成夜间模式之后,被观察者会通知所有的观察者"设置改变了,大家快蒙上遮罩吧"。QQ 消息推送来了之后,既要在通知栏上弹个推送,又要在桌面上标个小红点,也是观察者与被观察者的巧妙配合。

三、无规矩不成方圆

为了降低耦合,Django 遵循 MTV 的设计模式;在使用视图函数时其第一个参数必须是 request 对象,这只是众多 Django 遵循规矩的一部分。规矩是一种存在。自然规律是规矩——四季轮回、物种演化、五运六气,无不遵循着某种自然法则,这是对自然规矩的敬畏,人生处处有规则。规章制度是规矩——法律法规、组织纪律、村规民约,你同样得遵守,这是不可轻易触碰的高压线。《韩非子·解老》中说:"万物莫不有规矩。"人生在世,与人交往,修身养性,处处都离不开规矩。

懂得规矩,守住规矩,才能守住人生。

日常行为要重视规矩的作用,在学校要遵守学校的规章制度,在实训室要遵守实训室的规章制度;踏入社会,在工作岗位上要遵守公司的规章制度,日常生活中要做遵纪守法的好公民。正如党的二十大报告中所说,作为新时代青年,要"弘扬社会主义法治精神,传承中华优秀传统法律文化,做社会主义法治的忠实崇尚者、自觉遵守者、坚定捍卫者"。

项目二

使用静态文件

需求分析

本项目主要任务是向Django项目中添加静态文件，掌握Django中静态文件的引入和访问方法，能够借助JS、CSS等静态文件设计相关页面，运用模板变量实现静态页面中表单数据的收集和显示。

学习目标

知识目标：

1. 掌握Django中静态文件的使用；
2. 掌握模板标签的使用；
3. 掌握模板变量的使用；
4. 掌握表单数据的获取。

能力目标：

1. 能获取表单数据；
2. 会使用url模板标签；
3. 能使用模板变量接收传递的表单数据。

素质目标：

1. 培养学生自主学习能力；
2. 培养学生解决问题的能力。

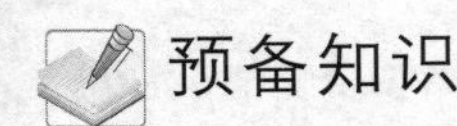

预备知识

一、CSS层叠样式列表引入

层叠样式表(Cascading Style Sheets)是一种用来表现HTML(标准通用标记语言的一个应用)或XML(标准通用标记语言的一个子集)等文件样式的计算机语言。CSS不仅可以静态地修饰网页，还可以配合各种脚本语言动态地对网页各元素进行格式化。

CSS能够对网页中元素位置的排版进行像素级精确控制，支持几乎所有的字体字号样式，拥有对网页对象和模型样式编辑的能力。CSS有以下三种引入方式。

(一) 内联CSS

内联CSS也称为行内CSS或者行级CSS，它直接在标签内使用style引入。

优点：便捷、高效。

缺点：不能够重构样式，代码行数多的时候不能使用。

例如：

```
<div style="width: 60px;height: 20px;border: 1px solid;">测试元素</div>
```

（二）页级 CSS

页级 CSS 也称为内部 CSS，整体放在 head 标签里，在 style 标签里定义样式，作用范围仅限于本页面。这种方式的 CSS 缺点是可维护性差，例如：

```
<head>
    <meta charset="UTF-8">
    <title>获取表单</title>
    <style type="text/css">
        div{
            width: 60px;
            height: 40px;
            border: 1px solid;
            background: antiquewhite;
        }
    </style>
</head>
```

（三）外联 CSS

外联 CSS 也称外部 CSS，在实际项目中经常使用这种方式，在页面中使用 link 或者 @import 引入。

优点：外联 CSS 是一个单独的文件，可以作用于多个页面，修改某一个区域，可以实现多个页面样式的变更，相比于内联 CSS 和页级 CSS，省去了对每个页面的修改，提高了开发效率，可维护性好。

1. link 方式引入

基本语法：

```
<link rel="stylesheet" type="text/css" href="***.css">
```

link 语法中 rel 是关联，type 指的是类型，href 指的是引入的文件路径，例如：

```
<head>
    <meta charset="UTF-8">
    <title>获取表单</title>
    <link rel="stylesheet" type="text/css" href="../static/css/login.css">
</head>
```

2. @import 方式引入

基本语法：

```
<style>@import url("***.css");</style>
```

@import 语法务必写在 style 标签中，后面直接加文件路径。

3. 两种方式的加载顺序

link 无论放在哪个位置都是一边加载数据，一边优化，视觉感受良好。

@import 先加载数据，再加载样式，如果网速不佳，样式可能是一点点加载出来的。

link 永远比@import 优先级高。

二、JavaScript 文件的引入

JavaScript 简称 JS，是一种脚本语言，不需要进行编译，也是浏览器中的一部分，经常用在 Web 客户端，主要是用来给 HTML 增加动态功能，直接在浏览器中解释执行。jQuery 是当前很流行的一个 JavaScript 框架，使用类似于 CSS 的选择器，可以方便地操作 HTML 元素，拥有很好的可扩展性，拥有不少插件。

（一）行内引入

基本形式：

```
<开始标签 on+事件类型="JS 代码"> </结束标签>
```

行内引入方式必须结合事件来使用，但是内部 JS 和外部 JS 可以不结合事件。

例如按钮的 onclick 事件：

```
<body>
    <input type="button" onclick="alert('行内引入')" value="button" name="button">
    <button onclick="alert('123')">点击我</button>
</body>
```

（二）内部引入

基本形式：在 head 或 body 中定义 script 脚本标签，然后在 script 标签里面写 JS 代码。例如网页加载后直接弹出警告框：

```
<script>
    alert("这是 JS 的内部引入");
</script>
```

（三）外部引入

首先定义外部 JS 文件（.JS 结尾的文件），并将其包含在网站的根目录下。使用 script 脚本标签引入 JS 文件的基本形式：

```
<script type="text/javascript" src="***.JS(这里是 JS 文件的根目录)"></script>
```

说明：

（1）script 标签一般定义在 head 或 body 中。

（2）script 标签要单独使用，要么引入外部 JS，要么定义内部 JS，尽量不要混搭使用。

（3）外部的 JS 文件，具有维护性高、可缓存（加载一次，无须加载）、方便以后扩展、复用性高等特点。

JS 文件可以是自定义的 JS 文件，也可以是 jQuery。要使用 jQuery，首先要在 HTML 代码最前面加上对 jQuery 库的引用，例如：

```
<script language="javascript" src="...jquery.min.JS"></script>
```

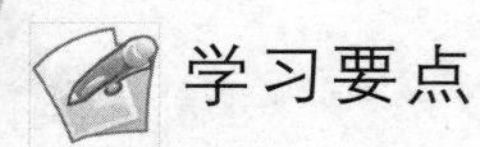

学习要点

一、知识一览图

实现本项目需要的知识如图 2-1 所示。

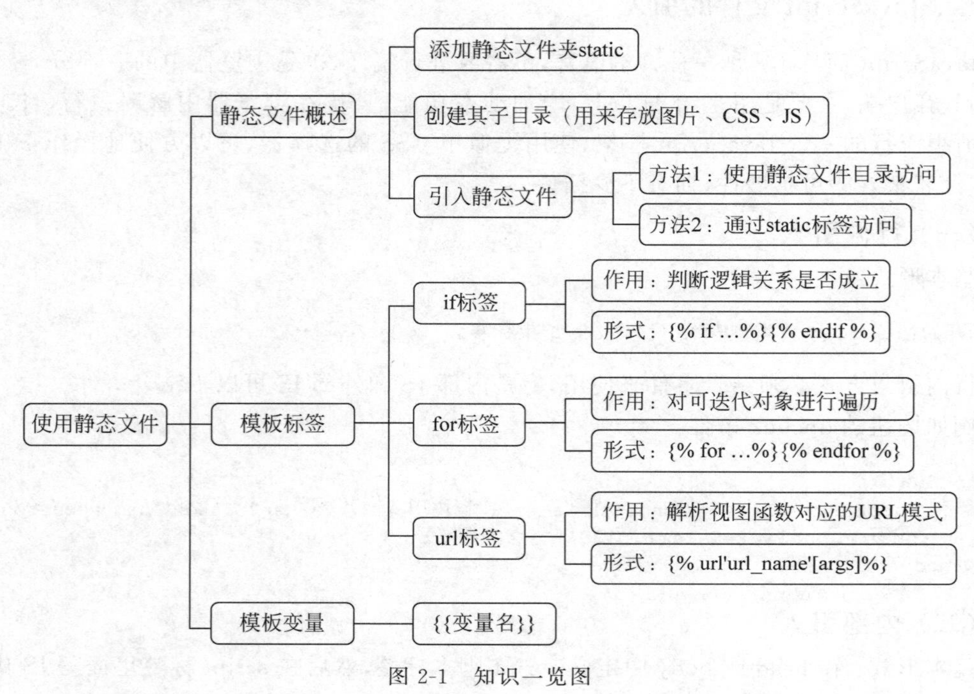

图 2-1　知识一览图

二、模板系统

Django 模板系统和模板变量

在 Django 中把“模板”称为 Template，简称 T，它的存在使 HTML 和 View 视图层实现了解耦。其实 T 层应用是创建好 Django 项目后，在项目的同级目录下自动创建了一个名为 templates 的文件夹，对它进行简单的配置后，这个文件夹将会被 Django 自动识别。

在 settings. py 配置文件中有一个 TEMPLATES 变量实现模板的配置，具体代码如下：

```
TEMPLATES = [
    {
        'BACKEND': 'django.template.backends.django.DjangoTemplates',
        'DIRS': [os.path.join(BASE_DIR, 'templates')], #指定模板文件的存放路径
        'APP_DIRS': True,                              #搜索 App 里面的所有 templates 目录
        'OPTIONS': {
            'context_processors': [
                'django.template.context_processors.debug',
                'django.template.context_processors.request',
                'django.contrib.auth.context_processors.auth',
```

```
                'django.contrib.messages.context_processors.messages',
            ],
        },
    },
]
```

说明：

(1) BACKEND：Django 默认设置，指定了要使用的模板引擎的 Python 路径。

(2) DIRS：一个目录列表，指定模板文件的存放路径，可以是一个或者多个，模板引擎将按照列表中定义的顺序查找模板文件。

(3) APP_DIRS：一个布尔值，默认为 True，表示会在安装应用中的 templates 目录中搜索所有模板文件。

(4) OPTIONS：指定额外的选项，不同的模板引擎有不同的可选参数，例如 context_processors 用于配置模板上下文处理器，使用 RequestContext 时将看到它们的作用。

三、模板变量

在前端页面中使用模板变量来取数据库、表单等数据，也可以是函数调用，主要实现前端页面数据动态显示。

（一）模板变量使用规则

模板变量使用

1. 模板变量的命名规则

Django 对于模板变量的命名规范没有太多的要求，可以使用任何字母、数字和下画线的组合来命名，且必须以字母或下画线开头，但是变量名称中不能有空格或者标点符号。可以使用字典、类对象、方法、函数、列表、字符串，不要和 Python 或 Django 关键字重名。

语法格式如下：

```
{{ 变量名 }}
```

2. 模板变量的语法

模板变量有四种不同的使用场景。

(1) 索引 index 查询，如 {{变量名.index}}，其中 index 为 int 类型即索引下标。

(2) 字典查询方法，{{变量名.key}}，其中 key 代表字典的键，如 a['b']。

(3) 属性或方法查询，如{{对象.方法}}，把圆点前的内容理解成一个对象，把圆点后的内容理解为对象里面的属性或者方法。

(4) 函数调用，如{{函数名}}。

注意：在模板中访问对象方法时，方法调用不需要加括号，而且只能调用不带参数的方法；如果不希望自定义的方法被模板调用可以使用 alters_data=Ture 属性，放在方法的结束位置即可。

3. 模板变量的使用举例

(1) 在 views.py 中添加 test_html 方法，具体代码如下：

```
def test_html(request):
    a = { }      #创建一个空字典，模板必须以字典的形式进行传参
```

```
    a['name'] = 'Django'
    a['course'] = ["Python", "C", "C++", "Java"]
    a['b'] = {'name': 'C语言中文网', 'address': 'http://c.biancheng.net/'}
    a['test_hello'] = test_hello(request) #函数调用时加 request
    a['class_obj'] = Website()
    return render(request, 'test_var.html', {'A': a})
#test_hello 函数的定义
def test_hello(request):
    return "Hello"
#Website 类的定义
class Website:
    def Web_name(self):
        return "Hello,Django"
```

（2）在 templates 目录下创建名为 test_var 的 html 文件，然后添加以下代码：

```
<p> 网站名字是{{ A.name }}</p>
<p> 课程包含{{ A.course.0 }}</p>
<p> 变量 a 是{{ A.b }} <p>
<p> a['address']是{{ A.b.address }} </p>
<p> 函数 fuction:{{ test_hello }}</p>
<p> 类实例化对象:{{ class_obj.Web_name }} </p>
```

（3）在 urls.py 文件中添加路由配置，具体代码如下：

```
path('test/', views.test_html)
```

在浏览器地址栏中访问 http://127.0.0.1:8000/test，可以看到图 2-2 所示结果。

网站名字是Django

课程包含Python

变量a是{'name': 'C语言中文网', 'address': 'http://c.biancheng.net/'}

a['address']是http://c.biancheng.net/

函数fuction：Hello

类实例化对象：Hello,Django

图 2-2　运行结果

（二）模板语言的注释

同所有的语言一样，Django 模板语言也允许注释，注释的内容不会在模板渲染时输出。

1. 单行注释

基本形式：

```
{#注释内容#}
```

注释使用的格式，示例如下：

```
{#%if condition %#}
{#%endif%#}
```

2. 多行注释

由于要注释的内容非常多并且需要跨行，比如要增加代码逻辑描述等，这时使用单行注释就不是很方便，Django 提供了 comment 标签，用来快速实现多行注释，使用方法如下：

```
{% comment %}
... 要被注释的内容放在两个标签中间
{% endcomment %}
```

四、静态文件

（一）Django 静态文件概述

Django 模板标签和静态文件

除了 HTML 文件外，Web 应用一般需要提供一些其他的必要文件，比如图片文件、CSS 样式列表以及 JavaScript 脚本等，其作用是为用户呈现出一个完整的网页。在 Django 中，我们将这些文件统称为“静态文件”（这些文件的内容基本是固定不变的，不需要动态生成）。但是对于大型项目，尤其是那些包含多个 App 在内的项目，处理那些由 App 带来的多套不同的静态文件很麻烦。出于对效率和安全的考虑，Django 管理静态文件的功能仅限于在开发阶段的 debug 模式下使用，且需要在配置文件 settings. py 的 INSTALLED_APPS 中加入 django. contrib. staticfiles（Django 项目创建后默认已经安装，如图 2-3 所示），网站正式部署上线后，静态文件是由 Nginx 等服务器管理的。

```
settings.py
33  INSTALLED_APPS = [
34      'django.contrib.admin',
35      'django.contrib.auth',
36      'django.contrib.contenttypes',
37      'django.contrib.sessions',
38      'django.contrib.messages',
39      'django.contrib.staticfiles',
```

图 2-3　静态文件配置

django. contrib. staticfiles 的用途：收集每个应用的静态文件到一个统一指定的地方，并且易于访问。

（二）静态文件

1. 创建静态文件夹

右击项目根目录→New→Directory→文件夹命名为 static，一定要注意不是 statics，不要多写了 s，更不要将字母写错，创建后如图 2-4 所示。

```
Project
mysite E:\pycharmProject\mysite
  hwapp
  mysite
  static        同级目录
  templates
  db.sqlite3
  manage.py
External Libraries
Scratches and Consoles

settings.py
33  INSTALLED_APPS = [
34      'django.contrib.admin',
35      'django.contrib.auth',
36      'django.contrib.contenttypes',
37      'django.contrib.sessions',
38      'django.contrib.messages',
39      'django.contrib.staticfiles',
40      'hwapp',
```

图 2-4　静态文件目录

2. 创建静态文件夹的子目录

在目录 static 下创建 images、CSS、JS 子目录，分别用来存放图片文件、CSS 样式列表、

JS 相关文件，同时将网页中需要展示的图片文件复制到 images 文件夹下，样式列表文件复制到 CSS 文件夹下，JS 相关文件复制到 JS 文件夹下，如图 2-5 所示。

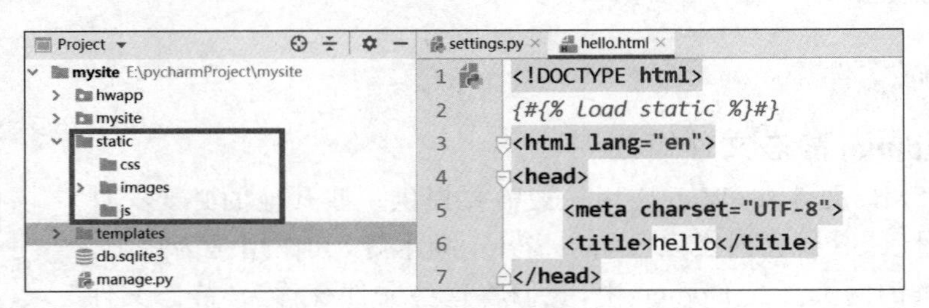

图 2-5　静态文件相关目录

（三）静态文件的引入方式

1. 使用静态文件路径

（1）在配置文件 settings. py 中配置 STATICFILES_DIRS 为静态文件的存储路径，具体代码如下：

```
STATICFILES_DIRS = [
    os.path.join(BASE_DIR, 'static')
]
```

说明：

① 静态文件存放在 BASE_DIR/static 下，其中 BASE_DIR 指 Django 项目的绝对路径。

② static 与 manage. py、app、templates 属于同级目录下。

（2）进入 HTML 文件，添加 img 元素，使用访问路径实现静态元素访问，具体代码如下：

```
<img src="../static/images/图片名称">
```

2. 使用动态解析令牌即通过{% static %}标签加载静态文件

（1）在模板文件 HTML 头部加入下面的代码：

```
{% load static %}        #放到文件最顶部
```

此时{% static %}模板标签会生成静态文件的绝对 URL 路径。

（2）路径填写使用{% static '访问的静态文件目录' %}，具体代码如下：

```
<img src="{% static 'images/图片名称' %}">
```

说明：如若在 settings. py 中进行了配置就不需要加载，即加载不配置、配置不加载。

五、模板标签

Django 的模板系统对标签的解释是在渲染的过程中提供相应的逻辑，同时通过渲染的模板标签，里面的逻辑是隐藏的，不会显示到前端的控制台里面。比如 Python 语言中 if...else 语句、for 循环等，这些在 Django 的模板系统中都有对应的标签，不过稍微复杂些，它们的使用方式如下：

```
{% 开始标签名 %}...{ % 结束标签名 % }
```

注意：

(1) 模板标签内部的两边空格不可省略。

(2) 模板标签与{{变量}}的区别：{{变量}}是模板变量，模板中想要展示视图向模板渲染的变量，需要使用{{变量}}进行接收，例如，{{count}}中的 count 是板变量，返回其值，而模板标签本质上是语句，并不是一个简单的变量。

(一) 判断逻辑的 if 标签

Django 模板标签详解

if 在 Python 语言中用于判断条件是否成立，在模板标签中其作用类似，如果条件成立则显示块中的内容。模板标签规定了 if 需要与 endif 成对出现，使用的方式如下：

```
{% if 条件表达式 1 %}
...
{% elif 条件表达式 2 %}
...
{% elif 条件表达式 3 %}
...
{% else %}
...
{% endif %}
```

(二) for 标签

for 标签用于对可迭代对象进行遍历，包括列表、元组等，它与 Python 中的 for 语法是类似的。for 标签使用时也需要和 endfor 标签配合使用，当然它也有不同之处，那就是它多了一个可选的 empty 标签，比如用它来显示当列表不存在或者列表中元素为空的时候要显示的内容，它的使用格式如下：

```
{% for 变量 in 可迭代对象 %}
    循环语句
{% empty %}
    可迭代对象无数据时填充的语句
{% endfor %}
```

(三) url 标签

Django 的模板语言为我们提供了 url 标签，url 标签可以避免在模板中使用硬编码的方式插入要访问的 URL 地址。所谓硬编码就是将数据直接嵌入程序或其他可执行对象的源代码中，比如我们修改了视图的访问地址，如果模板中采用的是硬编码，那么也需要对模板中的访问地址 URL 进行修改，让它们保持数据的一致，但是这样对于采用 MTV 设计模式的 Django 框架来说是极其不方便的。url 标签很好地避免了这一缺点，其作用是解析视图函数对应的 URL 模式，它的使用格式如下：

```
{% url 'url_name' [args1] %}
```

说明：其中 args1 可以省略，表示传递的参数，参数可以是多个；url_name 是 url 自定义的别名，可以在配置路由地址时通过 Path 的 name 属进行设置，而后面的 args1 参数是用于定义动态的 url 即带有查询的字符串的 url。

举例说明如下。

项目 temlplates 中有 index. html,添加代码如下：

```
<a href="{% url 'addstu' %}"><img src="../static/images/meihua.jpg"></a>
```

(1) 在 urls. py 文件中为 url 设置别名：

```
path('addstu/', views.addstu, name='addstu')
```

(2) 在 templates 目录下创建一个名为 stulist 的 HTML 文件：

```
<h1> 这是使用标签显示的用户网页</h1>
```

(3) 在 views. py 文件中创建一个 addstu 函数：

```
def addstu(request):
    return render(request, 'stulist.html')
```

在浏览器地址栏中访问 http://127. 0. 0. 1:8000/index/,通过单击 index 页面中的图片可以跳转到 stulist 页面。如果想跳转到其他的页面,只需要将相应的视图函数中的网页名称更改即可,无须其他操作。

提示：在路由配置文件 urls. py 的映射列表 urlpatterns 中的 Path 里加入 name 属性的目的是让应用了解 url 标签对应哪一个应用的 url,比如上例中 name='addstu'实际上对应了{% url 'addstu' %}标签。

六、模板继承

(一) 模板继承概念

模板继承

模板继承是 Django 模板语言中最强大的部分。模板继承可以构建基本的“骨架”模板,将通用的功能或者属性写在基础模板中,也称为基类模板或者父模板。子模板可以继承父类模板,子模板继承后将自动拥有父类中的属性和方法,同时还可以在子模板中对父模板进行重写,即重写父模板中的方法或者属性,从而实现子模板的定制。模板继承大大提高了代码的可重用性,可以减轻开发人员的工作量。

(二) 模板继承的应用

模板继承最典型的应用场景是 Web 站点的头部信息和尾部信息,比如 Web 站点的底部广告,每个网页都需要投放底部广告,还有 Web 站点的头部导航栏,这些都可以使用模板继承来实现。

在模板继承中最常用的标签是{% block %}与{% extends %}标签,其中{% block% }标签与{% endblock %}标签成对出现,而{% extends %}放在子模板的第一行且必须是模板中的第一个标签,标志着此模板继承自父模板,它们具体使用方法如下：

```
#定义父模板可被重写内容
{%block block_name%}
...可以被子模板覆盖的内容
{%endblock block_name%}
#继承父模板
{% extends '父模板名称' %}
```

```
#子模板重写父模板
{%block block_name%}
...子模板覆盖后呈现的新内容
{%endblock block_name%}
```

需要注意的是，子模板不需要重写父模板中的所有 block 标签定义的内容，未重写时子模板原封不动地使用父模板中的内容。

简言之，在父模板中：

(1) 定义父模板中的块 block 标签；

(2) 标识出哪些标签在子模板中是允许被修改的；

(3) block 标签在父模板中定义，可以在子模板中覆盖。

在子模板中：

(1) 继承模板 extends 标签(写在模板文件的第一行)，例如：

```
{% entends ' base.html' %}
```

(2) 重写父模板中的内容块，例如：

```
{% block block_name %}
```

子模板用来覆盖父模板中 block_name 块的内容，例如：

```
{% endblock blocl_name %}
```

任务：使用模板变量获取表单信息

一、任务描述

设计一个包含图片以及表单的 index.html 页面，如图 2-6 所示。

图 2-6　运行效果图 1

当用户在表单中输入相应的账号和密码后，在新的页面 newpage.html 中显示出相应信息，如图 2-7 所示。

图 2-7　运行效果图 2

二、任务实现流程

实现本任务具体流程可参考图 2-8。

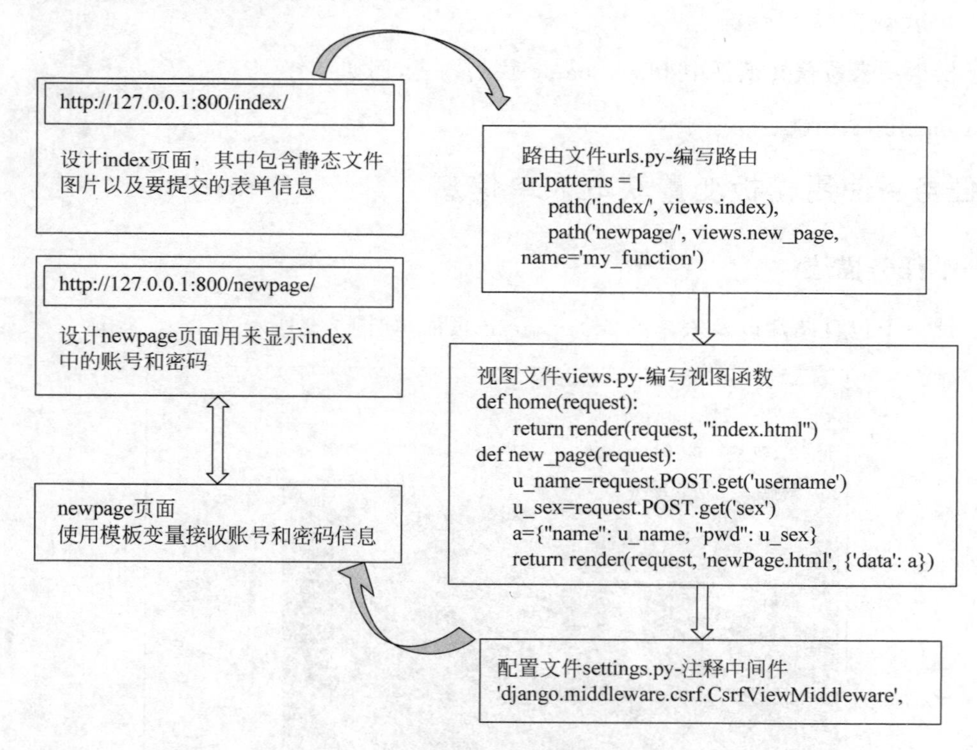

http://127.0.0.1:800/index/
设计index页面，其中包含静态文件图片以及要提交的表单信息
http://127.0.0.1:800/newpage/
设计newpage页面用来显示index中的账号和密码
newpage页面
使用模板变量接收账号和密码信息
路由文件urls.py-编写路由
urlpatterns = [
path('index/', views.index),
path('newpage/', views.new_page, name='my_function')
视图文件views.py-编写视图函数
def home(request):
return render(request, "index.html")
def new_page(request):
u_name=request.POST.get('username')
u_sex=request.POST.get('sex')
a={"name": u_name, "pwd": u_sex}
return render(request, 'newPage.html', {'data': a})
配置文件settings.py-注释中间件
'django.middleware.csrf.CsrfViewMiddleware',

图 2-8　任务实现流程

具体说明：浏览器中输入 http://127.0.0.1:8000/index 用户触发页面，系统会去 urls.py 中找路由与 index 匹配，在 urls.py 匹配到对应的路径后，执行 view.py 中的视图函数，当用户输入数据时实现数据传递，前端接收数据并显示。

三、任务功能模块解析

（一）项目配置文件 settings. py

settings. py
配置文件

创建的 Django 项目中，会在根模块中包含一个 settings. py 配置文件，这个配置文件用于配置和管理 Django 项目的管理运维信息。settings. py 配置文件中的所有配置项都是大写的，settings. py 在项目创建时，就初始化了一些默认配置，这些默认配置承载着最基础的项目信息。在 Django 中模板引擎的配置同样是在 settings. py 中，具体配置如下：

```
TEMPLATES = [
    { #指定模板引擎
        'BACKEND': 'django.template.backends.django.DjangoTemplates',
        #指定模板文件目录
        'DIRS': [os.path.join(BASE_DIR, 'templates')],
        'APP_DIRS': True,
        'OPTIONS': {
            'context_processors': [
                'django.template.context_processors.debug',
                'django.template.context_processors.request',
                'django.contrib.auth.context_processors.auth',
                'django.contrib.messages.context_processors.messages',
            ],
        },
    },
]
```

Django 的中间件配置，即 MIDDLEWARE 设置，所谓中间件就是从用户请求到用户请求结束期间所做的操作，即用户的请求会从上到下依次执行 MIDDLEWARE 中的配置，然后服务器响应用户的时候会再次从下至上依次执行。

```
MIDDLEWARE = [
    'django.middleware.security.SecurityMiddleware',
    'django.contrib.sessions.middleware.SessionMiddleware',
    'django.middleware.common.CommonMiddleware',
    'django.middleware.csrf.CsrfViewMiddleware',
    'django.contrib.auth.middleware.AuthenticationMiddleware',
    'django.contrib.messages.middleware.MessageMiddleware',
    'django.middleware.clickjacking.XFrameOptionsMiddleware',
]
```

（二）CSRF 的使用

Django 中间件

CSRF(cross site request forgery)，即跨站请求伪造。Django 为用户实现防止跨站请求伪造的功能，通过中间件 django. middleware. csrf. CsrfViewMiddleware 来完成。为了实现数据的跨页传递，需要将配置文件中的'django. middleware. csrf. CsrfViewMiddleware'进行注释。当使用 post 提交数据

时，Django 会去检查是否有一个 CSRF 的随机字符串，如果没有就会报错，这也是要注释此中间件的原因。

```
MIDDLEWARE = [
    'django.middleware.security.SecurityMiddleware',
    'django.contrib.sessions.middleware.SessionMiddleware',
    'django.middleware.common.CommonMiddleware',
    # 'django.middleware.csrf.CsrfViewMiddleware',
    'django.contrib.auth.middleware.AuthenticationMiddleware',
    'django.contrib.messages.middleware.MessageMiddleware',
    'django.middleware.clickjacking.XFrameOptionsMiddleware',
]
```

四、任务实现过程

（一）设计 html 页面

1. index. html 页面设计

模板变量的使用

右击项目根目录→New→Directory→文件夹，命名为 static，在目录 static 下创建 images 子目录用来存放项目中用到的所有图片。右击 templates→New→HTML File，命名为 index，index. html 大体框架如下：

```
<img src="../static/images/meihua.jpg" alt="">
<form action="{% url 'my_function' %}" method="post">
    账号:<input type="text" name="username"><p></p>
    密码:<input type="text" name="pwd"><p></p>
    <input type="submit" name="submit" value="subBtn"><p></p>
</form>
```

说明：

(1) form 表单中的 action 属性设置了 url 标签的别名。

(2) form 表单中的文本框需要设置 name 属性，其目的是获取其值。

(3) form 表单中的 method 方式需设置为 post。

2. newpage. html 页面设计

本页面主要用来接收 index 页面表单中的数据，大体框架如下：

```
<body>
    <h1>Hello World</h1>
        账号是:{{ data.name }}
    <p></p>
        密码是:{{ data.pwd }}
</body>
```

说明：data 是通过视图函数传递过来的数据，具体实现参考 views. py 中的代码。

（二）编写视图文件 views. py

打开 hwapp 中的视图 views. py 文件，编写 home 函数实现 index 页面的访问：

```
def home(request):
```

```
    return render(request, "index.html")
```

编写 new_page 函数实现 index 页面中表单数据的获取：

```
def new_page(request):
    u_name = request.POST.get('username')
    u_pwd = request.POST.get(' pwd ')
    a = {"name": u_name, "pwd": u_pwd}
    return render(request, 'newPage.html', {'data': a})
```

（三）编写路由文件 urls. py

在 urls. py 文件的 urlpatterns 中加入路由设置，如图 2-9 所示。

```
settings.py ×  urls.py ×
13        1. Import the include() function: from django.urls import in
14        2. Add a URL to urlpatterns:  path('blog/', include('blog.ur
15    """
16    from django.contrib import admin
17    from django.urls import path
18    from hwapp import views
19
20    urlpatterns = [
21        path('admin/', admin.site.urls),
22        path('index/', views.home),
23        path('newpage/', views.new_page, name='my_function')
```

图 2-9　路由设置

path 函数中的 name 属性与 index. html 中 URL 标签中设置的别名要统一。

（四）配置文件 settings. py

为了实现数据的跨页传递，需要将 CSRF 的中间件 MIDDLEWARE 注释，如图 2-10 所示。

```
settings.py ×  urls.py ×
43    MIDDLEWARE = [
44        'django.middleware.security.SecurityMiddleware',
45        'django.contrib.sessions.middleware.SessionMiddleware',
46        'django.middleware.common.CommonMiddleware',
47        # 'django.middleware.csrf.CsrfViewMiddleware',
48        'django.contrib.auth.middleware.AuthenticationMiddleware',
49        'django.contrib.messages.middleware.MessageMiddleware',
50        'django.middleware.clickjacking.XFrameOptionsMiddleware',
51    ]
```

图 2-10　中间件

（五）启动项目

项目运行成功后在浏览器中复制网址即可，在表单中输入相应的信息单击“提交”按钮即可在新的页面中查看数据。

任务评价

通过该任务的实现，检查自己是否掌握了以下技能，在表格中给出个人评价。

评价标准	个人评价
能够在 PyCharm 集成开发环境中，新建 Django 项目	
能够创建项目 App	
能够理解 Django 项目目录结构	
能够创建静态文件并修改 settings. py 设置	
能够使用视图函数获取表单信息，并使用 render 函数实现模板信息传递	
能够使用模板变量接收 render 函数传递的参数	
能够使用 url 标签解析视图函数	
能够启动项目	

注：A 表示完全能做到，B 表示基本能做到，C 表示部分能做到，D 表示基本做不到。按情况填入以上表中。

笔记整理

一、Django 静态文件的加入过程

二、Django 中获取表单信息的基本过程

能力提升

编写 CSS 样式,运用给定的素材设计如图 2-11 所示的登录页面。

图 2-11　登录页面效果图

延伸阅读

一、CSS 样式列表

CSS 是一种描述 HTML 文档样式的语言,描述应该如何显示 HTML 元素,用于定义网页的样式,包括针对不同设备和屏幕尺寸的设计和布局。CSS 规则集(rule-set)由选择器和声明块组成,如图 2-12 所示。

选择器指向需要设置样式的 HTML 元素。声明块包含一条或多条用分号";"分隔的声明。每条声明都包含一个 CSS 属性名称和一个值,两者之间用冒号":"分隔。多个 CSS 声明用分号分隔,声明块用大括号"{ }"括起来。

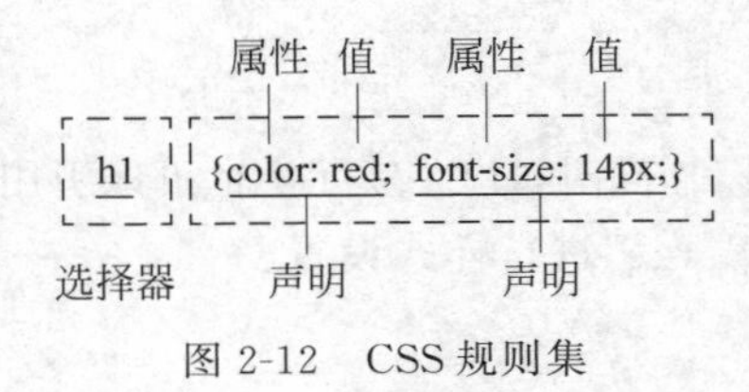

图 2-12　CSS 规则集

CSS 选择器用于选取要设置样式的 HTML 元素,常见的 CSS 选择器有简单选择器、属性选择器、组合选择器。

(一) 简单选择器

简单选择器主要包含元素选择器、id 选择器、类选择器、通用选择器等。

1. 元素选择器

根据元素名称来选择 HTML 元素,例如页面上的所有<p>元素都将居中对齐,并带有红色文本颜色,可以如下设置:

```
p {
    text-align: center;
    color: red;
}
```

2. id 选择器

id 选择器使用 HTML 元素的 id 属性来选择特定元素,元素的 id 在页面中是唯一的,

不能重复出现，因此 id 选择器用于选择一个唯一的元素。id 选择器的基本形式如下：

```
#id名称
```

例如，该 CSS 规则将应用于 id="p1" 的 HTML 元素：

```
#p1 {
    text-align: center;
    color: red;
}
```

3. 类选择器

类选择器选择有特定 class 属性的 HTML 元素，多个 HTML 元素可以共用一个类名，类选择器的基本形式如下：

```
.类名称
```

例如，该 CSS 规则将应用于所有 class="center"的 HTML 元素：

```
.center {
    text-align: center;
    color: red;
}
```

用户还可以依据需要指定只有特定的 HTML 元素受类的影响，例如只让具有 class="center"的< p >元素居中对齐：

```
p .center {
    text-align: center;
    color: red;
}
```

同时，HTML 元素也可以引用多个类。例如< p >元素将根据 class="center" 和 class="large"进行样式设置：

```
<p class="center large">这个段落引用两个类。</p>
```

4. 通用选择器

通用选择器(*)选择页面上所有的 HTML 元素。CSS 规则会影响页面上的每个 HTML 元素：

```
* {
    text-align: center;
    color: blue;
}
```

(二) 属性选择器

设置带有特定属性或属性值的 HTML 元素的样式，[attribute] 选择器用于选取带有指定属性的元素。例如选择所有带有 target 属性的< a >元素：

```
a[target] {
    background-color: yellow;
}
```

其中，[attribute="value"] 选择器用于选取带有指定属性和值的元素，例如选择所有带有 target="_blank" 属性的<a>元素：

```
a[target="_blank"] {
    background-color: yellow;
}
```

（三）组合选择器

CSS 选择器可以包含多个简单选择器。在简单选择器之间，可以包含一个组合器。CSS 中常用的组合选择器有后代选择器（空格）和子选择器（>）。

1. 后代选择器

后代选择器匹配属于指定元素后代的所有元素。例如，选择<div>元素内的所有<p>元素：

```
div p {
    background-color: yellow;
}
```

2. 子选择器

子选择器匹配属于指定元素子元素的所有元素。例如，选择属于<div>元素子元素的所有<p>元素：

```
div > p {
    background-color: yellow;
}
```

二、编码风格

（一）Python 编码规范

（1）缩进：用 4 个空格作为缩进的层级。

（2）换行：换行在操作符前更容易实现匹配。

（3）空行：顶级的类或者方法周围（上下）应该有两个空行；类内部的方法周围（上下）需要各有一个空行；多余的空行可以用来划分相关的函数或者相关的代码块。

（4）import：每个 import 需要独立一行。

（5）留白：必要的留白也是一种编码方式。

（二）Django 编码风格

1. 模板风格

保留空格，例如：

```
{{  index  }}                      #正确写法
{{index}}                          #错误写法
```

2. 视图中的编码规范

保持 function view 中的第一个参数命名一致性，即使用 request 而不是其他内容缩写。

```
def view(request, foo):            #正确写法
```

```
    pass
def view(req, foo):                    #错误写法
    pass
```

三、严谨细致

Django 框架使用 Python 开发，为此在使用框架时需要遵循 Python 语法规则，比如代码缩进、留白等。认真是一种态度，是一种高度负责的精神，要想把工作做好、做细，唯有坚持严谨细致的工作作风，严谨细致是一个软件开发人员必备的基本素养。

20 世纪 60 年代，由于抗疟药物的广泛使用，疟原虫产生了抗药性，原来的抗疟药物治愈率从 90%迅速降至 20%。为寻找新的抗疟药物，美英法等国投入大量的人力物力进行研究，美国耗资 4.5 亿美元，筛选 21.4 万个化合物，始终没有大的进展。

没有尖端的科研设备，也没有雄厚的研究经费，屠呦呦研究团队和世界一流的研究团队站在了同一个起跑线上。翻阅古医书反复做实验，1971 年工作重点集中到对青蒿的研究上，通过对青蒿的反复试验，改进提取方法后的 191 号样品进入试验，试验结果是治愈率 100%；接下来进入临床验证，历经 3 年，190 多个样品，380 多次试验，在以身试药的艰难探索之后，抗疟药物终于诞生了，它的名字叫“青蒿素”。这类抗疟药物正在拯救更多的生命，2015 年 12 月，世界卫生组织在发布的一份报告中确认，自 2000 年起避免了 620 万人死于疟疾。

同事对屠呦呦的评价：非常负责、执着，一往直前，不屈不挠；不喜欢空谈；工作没有完结，继续前行，贡献给人民一些有用的东西。科学家屠呦呦严谨细致、精益求精的实践之路，时刻引导着我们在日后学习、生活、工作中要努力钻研业务知识，提高自身能力，追求精益求精。

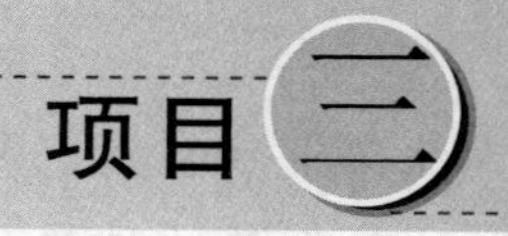

获取表单信息

需求分析

本项目主要是将项目二作业中设计的登录页面以固定用户名和密码形式实现用户登录，主要掌握CSS样式的书写规则，运用Django中request.POST获取前端表单的数据实现数据判断。

学习目标

知识目标：

1. 掌握Django中request的用法；
2. 掌握path函数的使用。

能力目标：

1. 理解表单数据传递；
2. 能使用SQL语句实现数据查询。

素质目标：

1. 培养学生解决问题的能力；
2. 培养学生的界面美化能力。

预备知识

一、Python中的字典

（一）字典基本概念

字典是一种可变容器模型，且可存储任意类型对象。字典的每个键与值key:value之间用冒号":"分隔，多个键-值对之间用逗号","分隔，整个字典包括在花括号"{ }"中，基本格式如下：

```
d = {key1 : value1, key2 : value2 ...}
```

字典中key称为键，value称为值。字典中的键一般是唯一的，如果重复，最后的一个键-值对会替换前面的，值不需要唯一；值可以取任何数据类型，但键必须是不可变的，如字符串、数字或元组。一个简单的字典实例如下：

```
tinydict = {'Alice': '2341', 'Beth': '9102', 'Cecil': '3258'}
```

访问字典里的值基本形式如下：

字典对象[键]

例如上例中 tinydict['Beth']的值是 9102。

(二) 字典键的特性

(1) 同一个键不允许出现两次。

(2) 键必须不可变,所以可以用数字、字符串或元组充当。

二、Django 表单

Django 开发的是动态 Web 服务,并不提供单纯的静态页面。动态服务的实质在于与用户进行互动,接收用户的输入,根据用户输入的不同,返回不同的内容给用户。数据返回是由服务端实现的,而接收用户输入则是由 HTML 表单实现的。表单<form>...</form>可以收集其内部标签中的用户输入,然后将数据发送到服务端。

HTTP 协议以"请求-回复"的方式工作。客户发送请求时,可以在请求中附加数据。服务器通过解析请求,就可以获得客户传来的数据,并根据 URL 来提供特定的服务。一个 HTML 表单必须指定两个相应的属性值。

(1) action 属性。其值是 URL:规定当提交表单时向何处发送表单数据,URL 可能的值如下。

① 绝对:URL——指向其他站点(如"www.baidu.com")。

② 相对:URL——指向站点内的文件(如"/getData/")。

(2) method 属性。数据的发送方式,发送数据所使用的 HTTP 方法,处理表单时只会用到 POST 和 GET 方法,GET 为 form 表单的默认提交方式。

① GET 将表单里的数据添加到 action 所指向的 URL 后面,URL 与值之间使用"?"连接,而各个变量之间使用"&"连接,将用户数据以"键=值"的形式传递,生成类似于 https://docs.djangoproject.com/search/?q=forms&release=1 的 URL。

② POST 方法,浏览器会组合表单数据对它们进行编码,然后打包将它们发送到服务器,数据不会出现在 URL 中。

③ 与 POST 相比,GET 更简单也更快,并且在大部分情况下都能用。但在以下情况中,应使用 POST 请求:

- 无法使用缓存文件(更新服务器上的文件或数据库);
- 向服务器发送大量数据(POST 没有数据量限制);
- 发送包含未知字符的用户输入时,POST 比 GET 更稳定。

学习要点

一、知识一览图

实现本项目需要的知识如图 3-1 所示。

二、Django 中的 request 对象

在 Django 中每个视图函数的第一个参数是 HttpRequest 对象,该对象包含当前请求

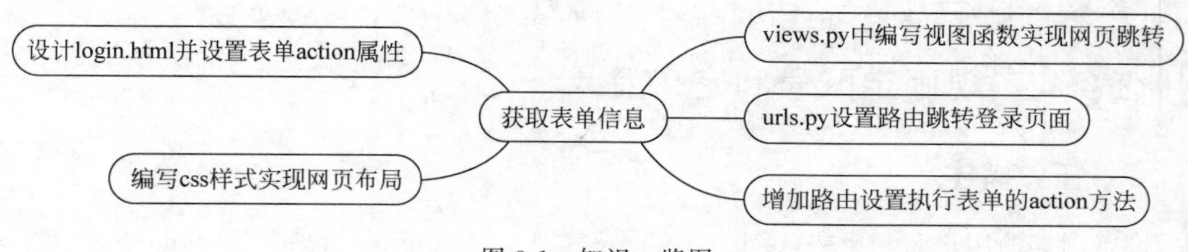

图 3-1　知识一览图

URL 的一些信息。

Django 中的表单数据处理

request. path：请求页面的全路径，不包括域名，也就是访问资源。

request. method：请求中使用的 HTTP 方法的字符串表示，全大写表示，例如'GET'。

request. GET：包含所有 HTTP GET 参数的类字典对象。

request. POST：包含所有 HTTP POST 参数的类字典对象。

注意：服务器有可能收到空 POST 请求，即表单 from 通过 POST 方式提交时，可以没有数据，因此要判断是否使用 POST 方法，应该使用 if request. method＝＝"POST"而不是 if request. POST。

三、Django 中的 request. GET 和 request. POST

Django 的 views. py 中定义的函数中 request 参数，可以读 request. method 确定是 POST 还是 GET。首先，request. GET 和 request. POST 是两个对象（类字典对象），提供和字典类似的接口，另外也有一些其他接口。

（1）POST 和 GET 是 HTTP 协议定义的与服务器交互的方法。GET 一般用于获取/查询资源信息，而 POST 一般用于更新资源信息。

（2）POST 和 GET 都可以与服务器交互完成查、改、增、删的操作。

① GET 提交：请求的数据会附在 URL 之后（把数据放置在 HTTP 协议头中），以“?”分隔 URL 和传输数据，多个参数用 & 连接，例如，login. action? name＝hyddd&password＝idontknow。

② POST 提交：把提交的数据放置在是 HTTP 包的包体中。GET 提交的数据会在地址栏中显示出来，而 POST 提交，地址栏不会改变。POST 数据是来自 HTML 中的〈form〉标签提交的，而 GET 数据可能来自〈form〉提交也可能是 URL 中的查询字符串（query string）。

四、Django 中的 request. POST 的用法

request. POST 是用来接收从前端表单中传过来的数据，比如用户登录过程中传递的 username、passwrod 等字段。在后台进行数据获取时，有两种方法（以 username 为例）：request. POST['username']与 request. POST. get('username')，那么这两者有什么不同之处呢？

如果传递过来的数值不为空，那么这两种方法都没有错误，可以得到相同的结果。

但是如果传递过来的数值为空，那么 request. POST['username']则会提示 Keyerror 错

误，而 request.POST.get('username')则不会报错，而是返回一个 none。

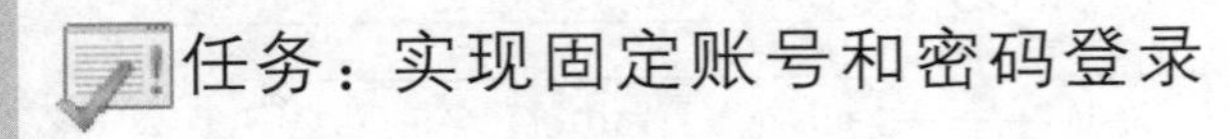

任务：实现固定账号和密码登录

一、任务描述

设置固定的用户名和密码，users={'Tom':'123','admin':'admin','root':'root'}实现用户的登录，当用户输入正确的用户名和密码后，出现登录成功提示；当输入的密码不正确时出现登录失败提示，具体参考图 3-2～图 3-4。

图 3-2　登录页面

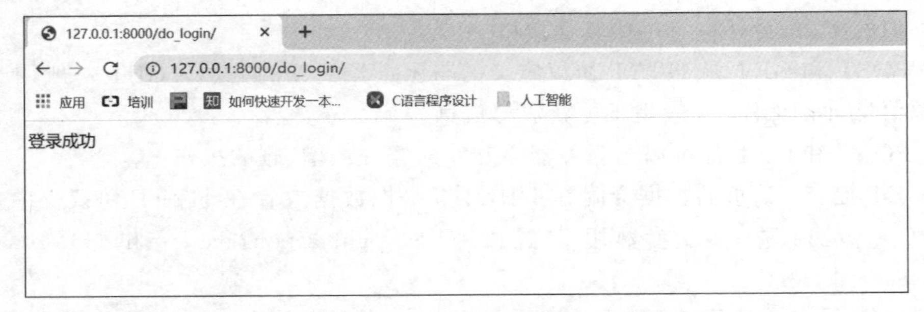

图 3-3　登录成功提示

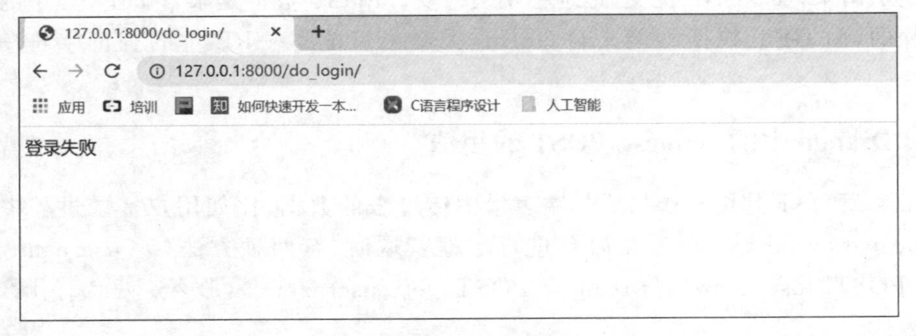

图 3-4　登录失败提示

二、任务实现流程

任务实现的具体流程如图 3-5 所示。

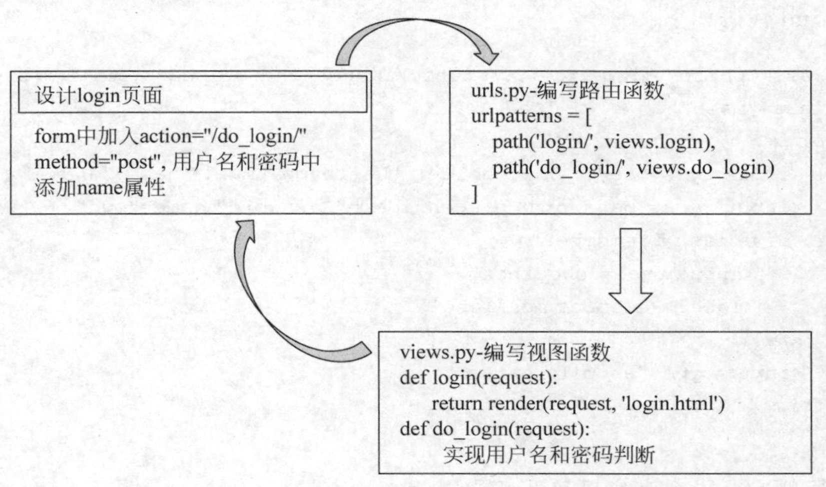

图 3-5 任务实现流程

具体说明：浏览器中输入 http://127.0.0.1:8000/login，用户触发页面后系统会去 urls.py 中找路由与 login 匹配，访问 login 页面，当在 login 页面的表单中输入相应的信息后，就会触发 action 属性，系统再次去 urls.py 中找路由与 do_login 匹配，匹配到对应的路径后，就会去 view.py 执行 do_login 视图函数实现用户名和密码判断。

三、任务功能模块解析

Django 路由反向解析

前端 from 表单中 action 属性值的写法有以下两种。

(1) 直接写后端定义好的路径 urls.py：

```
urlpatterns = [
    path(' do_login/',views.do_login),
]
```

前端表单属性编写：

```
<form action= '/ do_login /' method= 'post'></form>
```

缺点：当后端给定的 url 更变时，必须在前端相应位置做相应的更改。

(2) 在后端 urls.py 中的 path 函数定义一个锚点 name 来实现相似的功能：

```
urlpatterns = [
    path(' do_login/',views.do_login,name="do_login"),
]
```

在前端相应位置编写：

```
<form action='{%url "do_login "%}' method='post'>...</form>
```

四、任务实现过程

1. 设计 login. html 页面

主体 html 代码如下：

```
<div class="photo"><img src="../static/images/photo.jpeg" alt=""></div>
<div class="main">
    <form>
        <input type="text" placeholder="Username/Email" name="uname">
        <input type="password" placeholder="Password" name="pwd">
        <div class="remember">
            <input type="checkbox">
            <label>Remember me</label>
        </div>
        <input type="submit" value="Login">
    </form>
</div>
```

2. 编写 CSS 样式列表实现网页布局

```
body{
    margin: 0;
    background: url("../images/bg.jpg") no-repeat;
    background-size: cover;
}
.photo{
    width: 156px;
    margin: 150px auto 0;
}
img{
    width: 150px;
    height: 150px;
    border-radius: 50%;
    border: 3px solid #cccccc;
}
.main{
    width: 300px;
    margin: 50px auto;
    background: rgba(255,255,255,0.5);
    border: 1px solid #cccccc;
    border-radius: 20px;
}
input[type='text']{
    width: 200px;
    height: 30px;
    margin: 20px 38px 5px;
    padding-left: 10px;
    background: rgba(255,255,255,0.7);
```

```
    border-radius: 10px;
    color: red;
}
input[type='password']{
    width: 200px;
    height: 30px;
    margin: 20px 38px 5px;
    padding-left: 10px;
    background: rgba(255,255,255,0.7);
    border-radius: 10px;
    color: red;
}
.remember{
    width: 200px;
    margin: 20px 38px 10px;
}
.remember input{
    width: 20px;
    height: 18px;
    border: 1px solid #cccccc;
    border-radius: 3px;
    float: left;
}
.remember label{
    color: white;
}
input[type='submit']{
    width: 210px;
    height: 30px;
    margin: 20px 38px 10px;
    background: cornflowerblue;
    border: cornflowerblue;
    border-radius: 10px;
    color: white;
}
```

3. 实现登录页面显示

(1) views. py 编写 login 函数

编写 login 函数实现登录页面显示：

```
def login(request):
    return render(request, 'login.html')
```

(2) urls. py 路由设置

```
urlpatterns = [
    path('login/', views.login),
]
```

4. 修改表单属性

(1) 修改 form 表单属性：

```
<form action= "/do_login/" method= "post">
```

(2) 将用户名和密码框添加其对应的 name 属性：

```
<input type="text" placeholder="Username/Email" name="uname">
<input type="password" placeholder="Password" name="pwd">
```

5. views. py 中编写视图函数

(1) 先设置固定的用户名和密码值，将用户名和密码设置为字典形式，即访问字典的 key 即可获得其 value 值。

```
users = {'Tom': '123', 'admin': 'admin', 'root': 'root'}
```

例如，users['Tom']的值即为 123。

(2) 编写 do_login 方法：

```
def do_login(request):
        if request.method == 'POST':
            uersname = request.POST.get('uname', None)
            password = request.POST.get('pwd', None)

        if users[uersname] == password:
            return HttpResponse('登录成功')
        else:
            return HttpResponse('登录失败')
```

(3) 加入路由设置 urls. py：

```
urlpatterns = [
    path('login/', views.login),
    path('do_login/', views.do_login)
]
```

(4) 注释 settings. py 文件中的相关行以便实现跨页：

```
MIDDLEWARE = [
    'django.middleware.security.SecurityMiddleware',
    'django.contrib.sessions.middleware.SessionMiddleware',
    'django.middleware.common.CommonMiddleware',
    #'django.middleware.csrf.CsrfViewMiddleware',
    'django.contrib.auth.middleware.AuthenticationMiddleware',
    'django.contrib.messages.middleware.MessageMiddleware',
    'django.middleware.clickjacking.XFrameOptionsMiddleware',
]
```

(5) 启动项目，在浏览器中输入 http://127.0.0.1:8000/login，输入相应信息即可实现固定模式登录。

任务评价

通过该任务的实现，检查自己是否掌握了以下技能，在表格中给出个人评价。

评价标准	个人评价
能够在 PyCharm 集成开发环境中，新建 Django 项目	
能够创建项目 App	
能够编写 CSS 样式，利用静态文件完成导入	
能够使用视图函数获取表单信息，并使用 render 函数实现模板信息传递	
能够使用模板变量接收 render 函数传递的参数	
能够使用 url 标签解析视图函数	
能够启动项目	

注：A 表示完全能做到，B 表示基本能做到，C 表示部分能做到，D 表示基本做不到。可根据自身情况填入上表中。

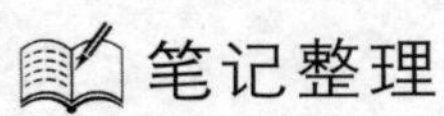

Django 实现固定用户登录的关键代码

能力提升

数据库中新建一个 users，新建数据表 users 存储用户信息，数据表特征如下。

(1) 表有 3 个字段，分别为 id、name、password。

(2) id 字段是主键，同时自动增长。

延伸阅读

一、CSS 样式

在 Web 开发中采用 CSS3 技术将会显著美化应用程序，提高用户体验，同时也能极大提高程序的性能。本项目中制作登录页面时需要用到新增样式。

(一) CSS3 新增的边框样式

1. CSS3 边框——圆角效果 border-radius

基本形式：

```
border-radius：左上角值 右上角值 右下角值 左下角值；
```

说明：

(1) 设置的圆角效果从左上角开始做顺时针旋转。

(2) 作用是给为元素添加圆角边框。

2. CSS3 边框——边框阴影 box-shadow

基本形式：

```
box-shadow：X 轴偏移量 Y 轴偏移量 [阴影模糊半径] [阴影扩展半径] [阴影颜色] [投影方式]；
```

说明：

(1) *X* 轴偏移量：必须，水平阴影的位置，允许负值。

(2) *Y* 轴偏移量：必须，垂直阴影的位置，允许负值。

(3) 阴影模糊半径：可选，模糊距离，其值只能是正值，如果值为 0，表示阴影没有模糊效果。

(4) 阴影扩展半径：可选，阴影的尺寸。

(5) 阴影颜色：可选，阴影的颜色。如省略，默认黑色。

(6) 投影方式：可选，设置为 inset 时为内部阴影方式，若省略为外阴影方式。

3. CSS3 边框——边框图片 border-image

把 border-image 理解为一个切片工具，会自动把用作边框的图片切割。

基本形式：

```
border-image:border-image-source [border-image-slice] [border-image-width]
[border-image-outset] [border-image-repeat];
```

说明：

(1) border-image-source：定义边框图像的路径。

(2) border-image-slice：定义边框图像从什么位置开始分割。

(3) border-image-width：定义边框图像的厚度(宽度)。

(4) border-image-outset：定义边框图像的外延尺寸(边框图像区域超出边框的量)。

(5) border-image-repeat：定义边框图像的平铺方式。

(二) 边距的设置

1. 盒子模型

所有 HTML 元素都可以看作盒子，在 CSS 中，"box model(盒子模型)"这一术语是用来设计和布局时使用，它本质上是一个盒子，包括外边距(margin)、边框(border)、内边距(padding)以及最中间的内容(content)。盒子模型允许我们在其他元素和周围元素边框之间的空间放置元素，图 3-6 说明了盒子模型(Box Model)。

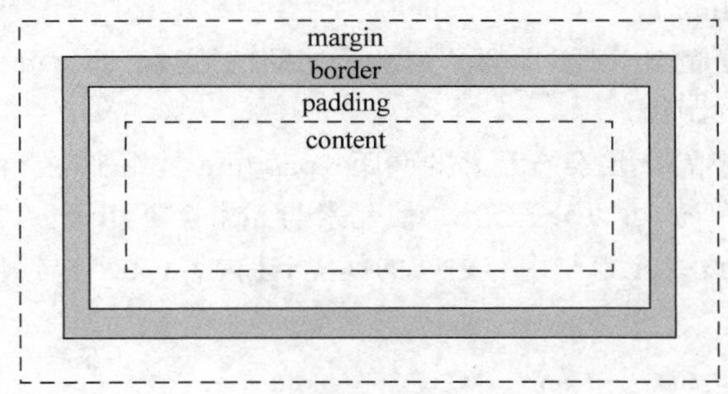

图 3-6 盒子模型

说明：

(1) margin(外边距)：清除边框外的区域，外边距是透明的。

(2) border(边框)：围绕在内边距和内容外的边框。

(3) padding(内边距)：清除内容周围的区域，内边距是透明的。

(4) content(内容)：盒子的内容，显示文本和图像。

2. margin 和 padding

margin 是指从自身边框到另一个容器边框之间的距离，就是容器外距离，即外边距，属性定义元素周围的空间。margin 清除周围的(外边框)元素区域，margin 没有背景颜色，是完全透明的，如图 3-7 所示。

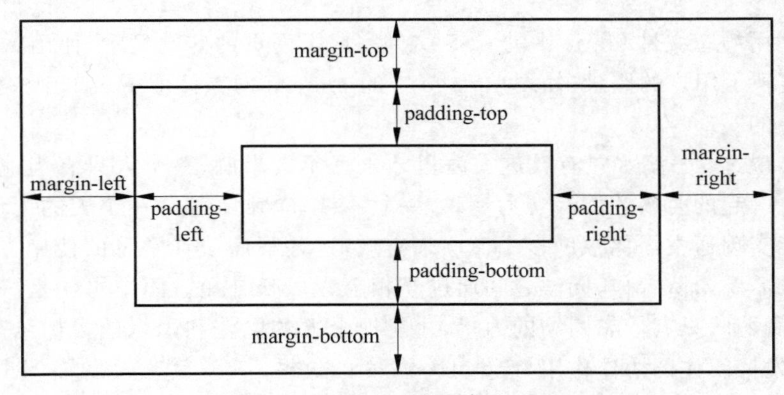

图 3-7 边距图例

margin 可以单独改变元素的上、下、左、右边距，也可以一次改变所有的属性。

padding 是指自身边框到自身内部另一个容器边框之间的距离，就是容器内距离，即内边距，定义元素边框与元素内容之间的空间，即上、下、左、右的内边距。当元素的 padding（填充）内边距被清除时，所释放的区域将会被元素背景颜色填充。

margin 和 padding 后面一般会跟 4 个参数，如 margin：1px、1px、1px、1px，分别表示上外边距为 1px、右外边距为 1px、下外边距为 1px、左外边距为 1px；如果后面只写 3 个参数，如 margin：1px、2px、1px，分别表示上边距 1px、左右边距为 2px，下边距为 1px；如果后面只写 2 个参数，如 margin：1px、2px，则表示上下外边距为都为 1px，左右外边距都为 2px；如果后面只写 1 个参数的话，如 margin：1px，则表示上、下、左、右外边距为都为 1px。

3. margin 和 padding

（1）margin 是盒子的外边距，即盒子与盒子之间的距离；而 padding 是内边距，是盒子的边与盒子内部元素的距离。

（2）margin 是用来隔开元素与元素的间距；padding 是用来隔开元素与内容的间隔。

（3）margin 用于布局，可以分开元素，使元素与元素互不相干。

（4）padding 用于设置元素与内容之间的间隔，让内容（文字）与（包裹）元素之间有一段"呼吸距离"。

4. auto 属性

定义 auto 元素，因元素类型和上下文而异。在边距中，auto 可以表示两种情况：占用可用空间或 0px，为元素定义不同的布局，"自动"占用可用空间是利用 auto 最常见的用法。通过分配 auto 元素的左右边距，它们可以平等地占据元素容器中的可用水平或垂直空间，因此元素将居中。

有时设置 auto 属性会失效，具体原因可能如下。

（1）要给居中的元素一个宽度，否则无效。

（2）该元素一定不能浮动，否则无效。

（3）在 HTML 中使用标签，需考虑好整体构架，否则全部元素都会居中。

（4）行内元素失效，解决方法：设置 display：block。

二、团队合作，分而治之

本项目利用静态文件 static 中的 CSS 文件完成了网页的前端显示，使用 template 中的 login. html 实现了用户的登录，使用 Django 中的 request 对象读取了表单中的信息，多方合作实现了用户的"登录"。

雷锋同志说过：一滴水只有放进大海里才永远不会干涸，一个人只有当他把自己和集体事业融合在一起的时候才能最有力量。"一丝不线，单木不林"，一个人的力量终归薄弱，对于复杂功能实现通常需要借助多个模块来实现，这是程序设计常见的使用方式。现实生活和工作中也需要团队合作，同学之间通过互相合作取长补短。团结协作是一切事业成功的基础，个人和团队只有依靠团结的力量，才能把个人的愿望和团队的目标结合起来，超越个体的局限，发挥团体的协作作用，产生 1+1>2 的效果。

项目四

连接 MySQL 数据库

需求分析

本项目主要实现与 MySQL 数据库连接，并将数据表中的信息以表格形式显示在前端页面中，主要掌握 Django 中 MySQL 数据库访问过程，数据库连接对象参数设置、数据库对象常见方法的使用。

学习目标

知识目标：

1. 掌握 Navicat 的使用；
2. 掌握 Django 中 MySQL 的访问。

能力目标：

1. 能使用 Navicat 创建数据库；
2. 能在 Django 实现数据库的访问。

素质目标：

1. 培养学生对知识的综合运用能力；
2. 培养学生的自主学习能力。

预备知识

Navicat 的使用

在实际生产环境 Django 是不可能使用 SQLite 这种轻量级的基于文件的数据库作为生产数据库，一般会选择 MySQL。MySQL 是最流行的关系数据库管理系统之一，在 Web 应用方面，MySQL 是最好的 RDBMS (Relational Database Management System，关系数据库管理系统）应用软件之一。

Navicat for MySQL 是一套专为 MySQL 设计的强大数据库管理及开发工具的国产软件，它可以用于任何 3.21 及以上版本的 MySQL 数据库服务器，并支持大部分 MySQL 最新版本的功能，包括触发器、存储过程、函数、事件、检索、权限管理等。

新建数据库的基本过程如下。

(1) 打开 Navicat for MySQL 之后，单击左上角的“连接”图标，如图 4-1 所示。

(2) 单击“连接”按钮后会出现“新建连接”对话框，输入连接名(连接名可以随便取)。然后输入主机名、端口号、数据库用户名和密码。主机名、端口号以及数据库用户名和密码在安装的 MySQL 中已设置，若修改过则使用修改后的信息，如图 4-2 所示。

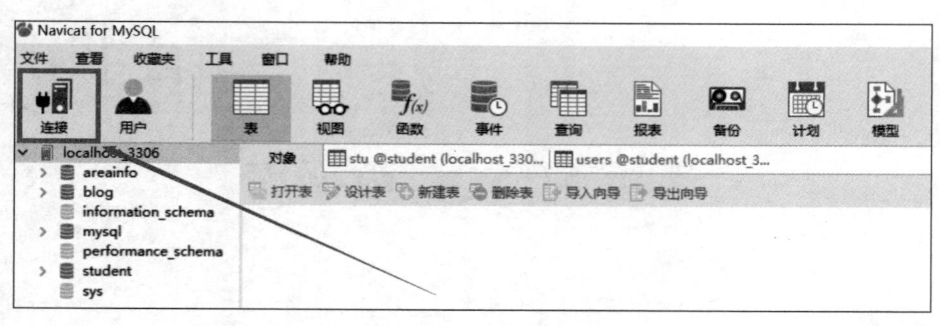

图 4-1　首页运行效果

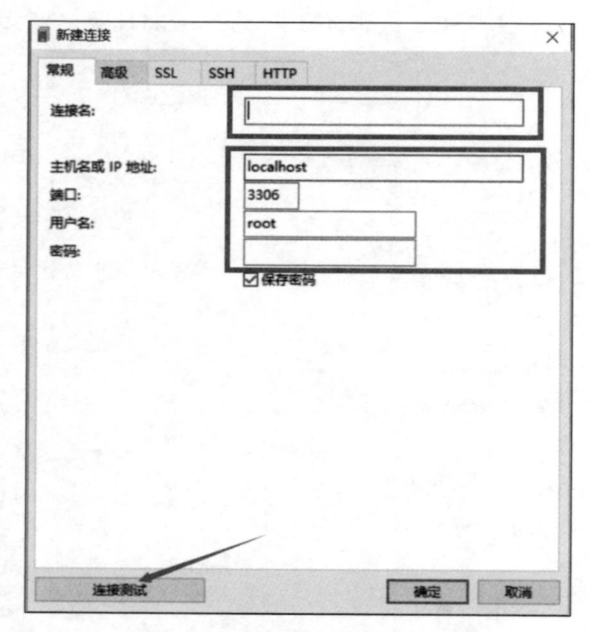

图 4-2　连接数据库

（3）单击图 4-2 中的“连接测试”按钮来检查是否成功连接 MySQL，如果主机、端口号、用户名和密码无误，就会显示“连接成功”，然后单击“确定”按钮即可，如图 4-3 所示。如果有错误，可以检查主机名、端口号、用户名和密码是否正确。

（4）右击 localhost_3306，在弹出的对话框中选择“新建数据库”，在弹出的对话框中输入相应的数据库名称即可，如图 4-4 所示。

（5）这里假设新建名为 student 数据库，选中数据库名称，选择“新建表”即可完成数据表的创建，如图 4-5 所示。

（6）在数据库中有具体操作表格的工具，表格添加行、删除行都非常简单，可以依据表的结构设置主键，具体操作如图 4-6 所示。

（7）单击“保存”按钮即可实现数据表的保存。

注意：一定要记住设置的 root 用户对应的密码，此密码在后续数据库连接中需要使用，密码出错会导致数据库不能实现访问。

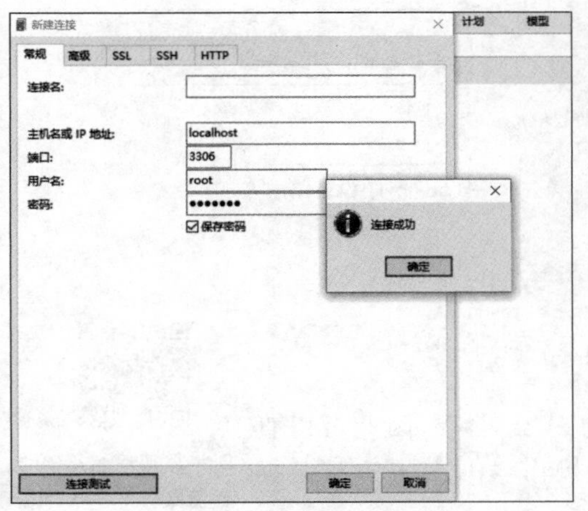

图 4-3　连接成功

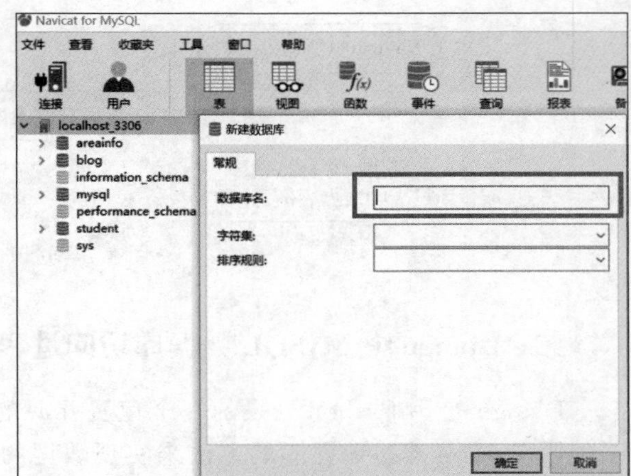

图 4-4　新建数据库

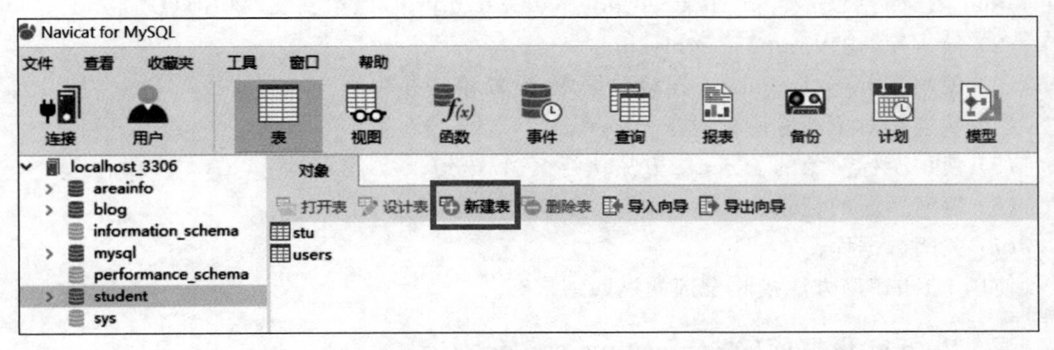

图 4-5　新建表

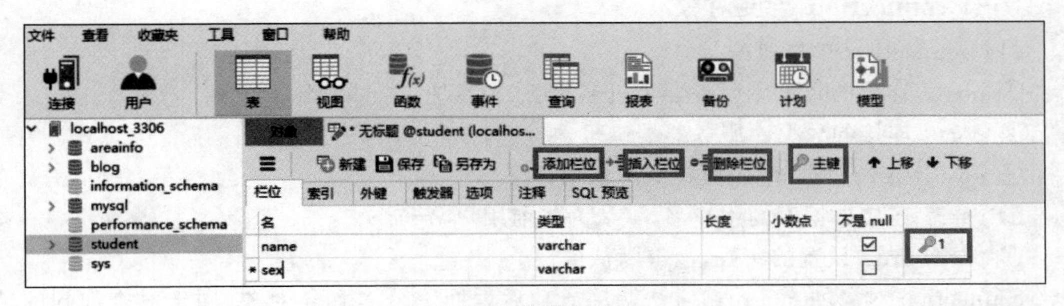

图 4-6　数据表处理

学习要点

一、知识一览图

实现本项目需要的知识如图 4-7 所示。

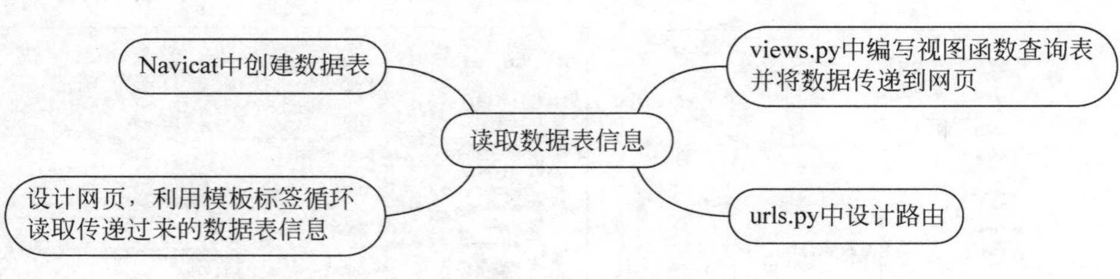

图 4-7　知识一览图

二、Django 中 MySQL 数据库访问过程

Django 连接 MySQL 数据库

Django 是用 Python 开发的一个免费开源的 Web 框架，因此可以直接使用 Python 连接数据库的方法来实现数据的操作。Python 连接数据的基本步骤如下。

（1）在连接之前先安装 pymysql，安装方法如下。打开 pycharm 开发环境，进入 Terminal，在命令行输入：python -m pip install pymysql，提示安装成功即可。

（2）导入库，输入 import pymysql。

（3）使用 pymysql. connect 连接数据库，设置相关参数。

（4）从连接对象获取游标对象 cursor。

（5）使用游标对象的 execute 方法执行 SQL 语句。

（6）返回所需的记录。

（7）关闭数据库。

使用 fetchall()方法接收全部的返回结果行。

三、Python 数据库的 connection、cursor 对象

（一）connection 连接对象

（1）connection 参数列表。

① host：连接的数据库服务器主机名，默认为本地主机 localhost。

② port：连接的数据库服务器端口号，默认为 3306。

③ db：连接的数据库名称，没有默认值。

④ user：连接数据库的用户名，默认为当前用户 root。

⑤ password：设置的密码，没有默认值。

connection 对象的 cursor()方法调用成功后返回一个 cursor 对象，用于对查询到的结果进行操作。

（2）连接对象的 db. close()方法可关闭数据库，并释放相关资源。

connection 对象支持的方法如表 4-1 所示。

表 4-1　connection 对象方法

方　法　名	说　　明
cursor()	使用该连接创建并返回游标
commit()	提交当前事务

续表

方 法 名	说 明
rollback()	回滚当前事务
close()	关闭连接

（二）cursor 游标对象

cursor 对象用于执行查询和获取结果，支持的方法如表 4-2 所示。

表 4-2 cursor 对象方法

方 法 名	说 明
execute()	执行一个数据库查询和命令
fetchone()	获取结果集的下一行
fetchall()	获取结果集中剩下的所有行
fetchmany()	获取结果集的下几行
rowcount	最近一次 execute 返回数据的行数或影响行数
close()	关闭游标对象

1. fetchone()方法

当 SQL 语句是 select 查询时，执行后会返回相应的查询结果集（可迭代对象），fetchone()方法用于从查询结果集中读取当前一条记录，以元组的形式返回。每读取一次，指针自动往下移动到下一条记录。

2. fetchall()方法

fetchall()方法用于从结果集中获取所有记录，以列表形式返回，列表中每个元素是一元组，存放的是表中的一条记录。

3. fetchmany()方法

格式：

```
fetchmany([size])
```

说明：用于从结果集中获取指定的记录条数。如果参数 size 省略，则默认获取一条记录。返回结果为一列表，列表中每个元素是一元组，存放的是表中的一条记录。当使用 select 查询时返回的查询结果集是一可迭代对象，既可以用前面介绍的 fetchone()、fetchall()、fetchmany()方法获取结果集中的记录，也可直接利用 for 循环遍历结果集。

获取前 n 行数据：

```
row_n = cursor.fetchmany(2)        #获取前 2 行数据,元组包含元组
```

4. rowcount 属性

rowcount 是一个只读属性，并返回执行 execute()方法后影响的行数。

任务：读取学生数据

一、任务描述

读取数据库中的学生信息表，并将其显示出来，如图 4-8 所示。

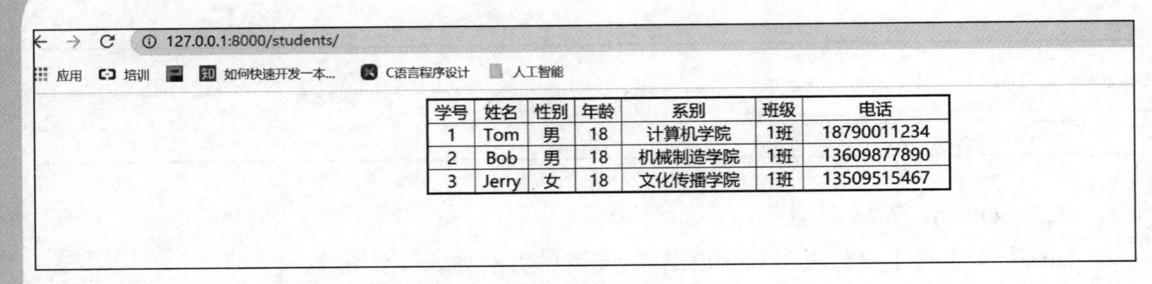

学号	姓名	性别	年龄	系别	班级	电话
1	Tom	男	18	计算机学院	1班	18790011234
2	Bob	男	18	机械制造学院	1班	13609877890
3	Jerry	女	18	文化传播学院	1班	13509515467

图 4-8　参考效果图

二、任务实现流程

任务实现的具体流程如图 4-9 所示。

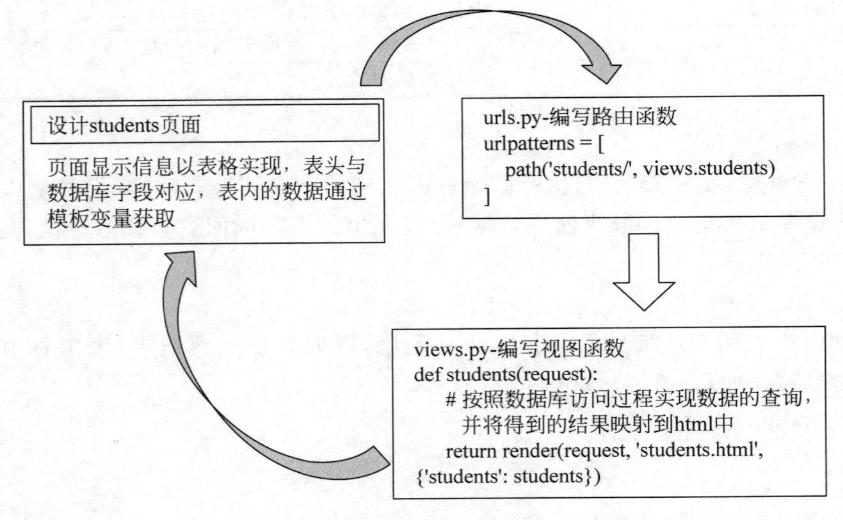

图 4-9　任务实现流程

浏览器中输入 http://127.0.0.1:8000/students，用户触发页面，系统会去 urls.py 中找路由与 students 匹配，在 urls.py 匹配到对应的路径后，就会去 view.py 执行后端代码，执行完数据库的查询操作后，返回至 students.html 页面，同时也将得到的记录 students 映射到 html 中。

注：{'students':students}：单引号内的 students 是映射到 students.html 页面的名称，冒号后的 students 是数据源。

三、任务功能模块解析

（一）游标参数

pymysql.cursor 参数的可选值如表 4-3 所示。

表 4-3　cursor 对象参数

类　型	描　述
Cursor	普通的游标对象，默认创建的游标对象
SSCursor	不缓存游标，主要用于当操作需要返回大量数据时
DictCursor	以字典的形式返回操作结果
SSDictCursor	不缓存游标，将结果以字典的形式返回

默认情况下 cursor 方法返回的是 BaseCursor 类型对象，BaseCursor 类型对象在执行查询后每条记录的结果以列表(list)表示。如果要返回字典(dict)表示的记录，就要设置 cursor 参数为 pymysql. cursors. DictCursor 类。

（二）render 方法的使用

从 HttpResponse 的使用过程可知，如果要生成网页内容，就需要将 HTML 语言以字符串的形式表示，如果网页内容过大，就会增加视图函数的代码量，同时也没有体现模板的作用，因此 Django 在此基础上进行了封装处理，定义了函数 render，其函数原型如下：

```
render(request,template_name,context=None,content_type=None,status=None,using
=None)
```

说明：

(1) request：浏览器向服务器发送的请求对象，包含用户信息、请求内容和请求方式等。

(2) template_name：设重模板文件名，用于生成网页内容。

(3) context：对模板上下文(模板变量)赋值，以字典格式表示，默认情况下是一个空字典。

(4) content_type：响应内容的数据格式，一般情况下使用默认值即可。

(5) status：HTTP 状态码，默认为 200。

(6) using：设置模板引擎，用于解析模板文件，生成网页内容。

render 的参数 request 和 template name 是必须参数，其余的参数是可选参数。说明：

为了更好地说明 render 的使用方法，下面通过简单的例子来加以说明。在 Django 项目 index 文件中的 views. py 和 templates 的 index. html 中编写以下代码：

```
def new_page(request):
    u_name = request.POST.get('username')
    u_sex = request.POST.get('sex')
    a = {"name": u_name, "pwd": u_sex}
    return render(request, 'newPage.html', {'data': a})
# templates 的 index.html
<! DOCTYPE html>
<html>
    <body>
        <h3> 账号是:{{ data.name }} </h3>
        <h3> 账号是:{{ data.pwd }} </h3>
    </body>
</html>
```

视图函数 new_page 定义的变量字典 a 作为 render 的参数 data，而模板 index. html 里通过使用模板上下文(模板变量){{data}}来获取变量 a 的数据，上下文的命名必须与字典 a

的 key 相同，这样 Django 内置的模板引擎才能将参数 data 的数据与模板上下文进行配对，从而将参数 data 的数据转换成网页内容。创建的数据表基本信息如图 4-10 所示。

id	name	sex	age	department	banjia	tel
1	Tom	男	18	计算机学院	1班	187900
2	Bob	男	18	机械制造学院	1班	136098
3	Jerry	女	18	文化传播学院	1班	135095
4	John	男	18	机械制造学院	1班	134789

图 4-10　创建的数据表

若返回的数据信息 students 是以字典形式映射到 students.html 页面，为此在网页中显示需要使用数据表中的字段，且字段名字不能有任何错误，否则读取不到相关信息。

（三）execute 方法

execute(self,query,args)：执行单条 SQL 语句，接收的参数为 SQL 语句本身和使用的参数列表，返回值为受影响的行数。

四、任务实现过程

使用 for 标签遍历数据库

（一）打开 student 数据库

打开 Navicat for MySQL 中的 student 数据库。

（二）新建数据表

在 student 数据库中新建名为 users 的数据表，字段如图 4-11 所示。

名	类型	长度	小数点	不是 null	
id	int	0	0	☑	🔑1
name	varchar	255	0	☐	
sex	varchar	255	0	☐	
age	int	0	0	☐	
department	varchar	255	0	☐	
banjia	varchar	255	0	☐	
tel	varchar	255	0	☐	

图 4-11　新建数据表

其中，id 为主键且设置为自动增长。

（三）添加数据表记录

具体操作如图 4-12 所示。

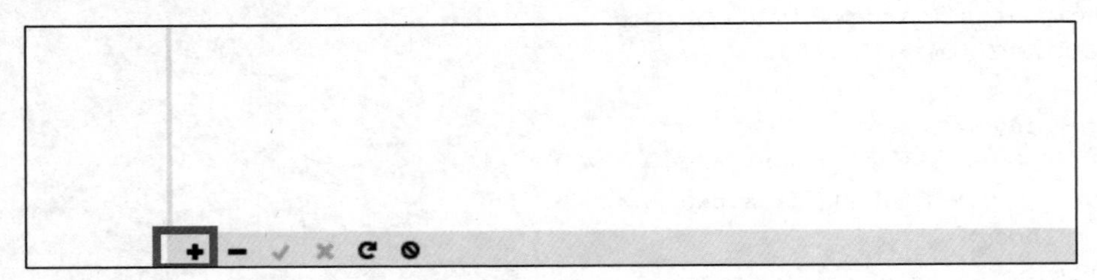

图 4-12　新增记录

使用“＋”实现记录的添加，分别输入相应的数据即可完成 users 表的创建。

（四）编写视图函数 views. py

（1）导入数据库：import pymysql。

（2）编写 students 视图函数。

```
def users(request):
    #r123456 是数据库连接密码,密码需要依据个人情况来填写
    conn = pymysql.connect(host='localhost', port=3306, db='student', user='root',
password='r123456')
    cursor = conn.cursor(pymysql.cursors.DictCursor)
    cursor.execute('select * from users')
    students = cursor.fetchall()
    return render(request, 'students.html', {'students': students})
```

说明：

① db＝'student'中的 student 一定是已经创建的数据库，如若没有需要以 student 名创建。

② Cursor 方法采取字典方式返回，为此需要设置参数：pymysql. cursors. DictCursor。

③ 将所有记录以字典形式赋给了 students。

④ 将 students 以'students'名映射到了 students. html 网页中。

（五）创建 students. html

编写 HTML 代码，使用模板变量实现 users 数据的显示。

```
<table border="1">
    <thead>
    <tr>
        <td>学号</td>
        <td>姓名</td>
        <td>性别</td>
        <td>年龄</td>
        <td>系别</td>
        <td>班级</td>
        <td>电话</td>
    </tr>
    </thead>
    <tbody>
    {% for student in students %}
    <tr>
        <td>{{ student.id }}</td>
        <td>{{ student.name }}</td>
        <td>{{ student.sex }}</td>
        <td>{{ student.age}}</td>
        <td>{{ student.department }}</td>
        <td>{{ student.banjia }}</td>
        <td>{{ student.tel }}</td>
    </tr>
    {% endfor %}
    </tbody>
</table>
```

说明：

① 使用 for 实现字典数据 students 的遍历“{% for student in students %}”。

② student 即为访问字典数据的每一个个体。

③ 访问时{{student. 键}}中的键不能写错，其值实际上就是数据表的字段名称。

任务评价

通过该任务的实现，检查自己是否掌握了以下技能，在表格中给出个人评价。

评价标准	个人评价
能够在 PyCharm 集成开发环境中，新建 Django 项目	
能够创建项目 App	
能够创建 MySQL 数据库	
能够实现 Python 与数据库连接	
能够使用 for 标签、模板变量实现数据的读取	
能够编写 urls. py 实现路由设置	
能够启动项目	

注：A 表示完全能做到，B 表示基本能做到，C 表示部分能做到，D 表示基本做不到。根据自己情况填入上表中。

笔记整理

写出读取数据表信息的关键代码

能力提升

(1) 将项目中网页中读取的数据表加入以下样式：

① 鼠标划过变色；

② 边框改成细边框。

(2) 在 student 中创建数据表 stu，具体结构如图 4-13 所示，将 stu 表数据读取出来。

栏位 索引 外键 触发器 选项 注释 SQL 预览

名	类型	长度	小数点	不是 null	
id	int	0	0	☑	1
name	varchar	255	0	☐	
sex	varchar	255	0	☐	
age	int	0	0	☐	
department	varchar	255	0	☐	
banji	varchar	255	0	☐	
tel	varchar	255	0	☐	

图 4-13　参考数据表结构

延伸阅读

一、事务

访问和更新数据库的一个程序执行单元称为事务，事务机制可以确保数据一致性。事务具有四个属性：原子性、一致性、隔离性、持久性。这四个属性通常称为 ACID 特性。

(1) 原子性(atomicity)：一个事务是一个不可分割的工作单位，事务中包括的诸操作要么都做，要么都不做。

(2) 一致性(consistency)：事务必须是使数据库从一个一致性状态转变到另一个一致性状态。一致性与原子性是密切相关的。

(3) 隔离性(isolation)：一个事务的执行不能被其他事务干扰。即一个事务内部的操作及使用的数据对并发的其他事务是隔离的，并发执行的各个事务之间不能互相干扰。

(4) 持久性(durability)：也称永久性(permanence)，是指一个事务一旦提交，它对数据库中数据的改变就应该是永久性的。接下来的其他操作或故障不应该对其有任何影响。

对于支持事务的数据库，在 Python 数据库编程中，当游标建立之时，就自动开始了一个隐形的数据库事务。commit()方法游标的所有更新操作，rollback()方法回滚当前游标的所有操作，每一个方法都开始了一个新的事务。

开发中怎样使用事务？

(1) 正常结束事务：con. commit()。

(2) 异常结束事务：con. rollback()。

rowcount 不连续跟踪行数，它只在用光标执行命令时更新(如果是 SELECT，则等于所获取的行数，或是 INSERT、UPDATE 或 DELETE 等其他命令影响的行数)。

二、互联互通

在 PyCharm 集成开发环境中利用 Python 可以实现与 MySQL 数据库的连接，并借助

Django 框架的 template 显示出来，实现了数据库、框架的互联互通。

当今世界正发生复杂深刻的变化，国际金融危机深层次影响继续显现，世界经济缓慢复苏、发展分化，国际投资贸易格局和多边投资贸易规则酝酿深刻调整，各国面临的发展问题依然严峻。共建"一带一路"顺应世界多极化、经济全球化、文化多样化、社会信息化的潮流，秉持开放的区域合作精神，致力于维护全球自由贸易体系和开放型世界经济。共建"一带一路"旨在促进经济要素有序自由流动、资源高效配置和市场深度融合，推动沿线各国实现经济政策协调，开展更大范围、更高水平、更深层次的区域合作，共同打造开放、包容、均衡、普惠的区域经济合作架构。共建"一带一路"符合国际社会的根本利益，彰显人类社会共同理想和美好追求，是国际合作以及全球治理新模式的积极探索，将为世界和平发展增添新的正能量。信息互联互通是经济互联共赢的基础，"一带一路"行动，将推动政府间统计合作和信息交流，为务实合作、互利共赢提供决策依据和支撑。正如党的二十大报告中所说"中国提出了全球发展倡议、全球安全倡议，愿同国际社会一道努力落实"。世界大同，万物互联。

项目五

查询数据信息

需求分析

本项目主要是与 MySQL 数据库连接，实现项目二作业中的用户登录，同时登录后显示相关提示信息。主要需掌握 Django 中 MySQL 数据库中数据表的查询判定，同时借助模板变量实现数据传递。

学习目标

知识目标：

1. 掌握 Django 中 SQL 语句注入问题解决方案；
2. 掌握 render 函数的使用方法。

能力目标：

1. 能解决 SQL 语句注入问题；
2. 能使用视图函数实现数据传递。

素质目标：

1. 培养学生善于解决问题的能力；
2. 培养学生的自主学习能力。

预备知识

数据的增、删、改、查

（一）数据查询

MySQL 数据库使用 SQL SELECT 语句来查询数据，查询数据通用的 SELECT 语法：

```
SELECT column_name1,column_name2, ..., FROM table_name [WHERE Clause]
```

说明：

(1) column_name1 可以写成“*”，表示查询全部字段。

(2) WHERE 语句可以根据需要添加，也可以不添加。

(3) 查询语句中使用一个或者多个表，表之间使用逗号“,”分隔，并使用 WHERE 语句来设定查询条件。

(4) SELECT 命令可以读取一条或者多条记录。

例如，返回数据表 runoob_tbl 的所有记录：

```
select *from runoob_tbl;
```

（二）数据添加

MySQL 数据库使用 SQL INSERT INTO 语句来插入数据，数据表插入数据通用的 INSERT INTO SQL 语法：

```
INSERT INTO table_name(field1,...,fieldN) VALUES(value1,...,valueN)
```

如果数据是字符型，必须使用单引号或者双引号，如："value"。

例如，向 runoob_tbl 表插入一条数据：

```
INSERT INTO runoob_tbl (runoob_title, runoob_author, submission_date) VALUES("学习", "教程", NOW());
```

（三）数据更新

MySQL 数据库使用 SQLUPDATE 语句来添加数据，数据表更新通用的 UPDATE SQL 语法：

```
UPDATE table_name SET field1=new-value1, field2=new-value2 [WHERE Clause]
```

说明：

(1) 可以同时更新一个或多个字段。

(2) 可以在 WHERE 子句中指定任何条件，该语句可以省略。

(3) 可以在一个单独表中同时更新数据。

示例更新数据表中 runoob_id 为 3 的 runoob_title 字段值：

```
UPDATE runoob_tbl SET runoob_title='学习 python' WHERE runoob_id=3;
```

（四）数据删除

MySQL 数据库使用 SQL DELETE FROM 语句实现数据表中的数据删除，数据删除通用的 DELETE FROM SQL 语法：

```
DELETE FROM table_name [WHERE Clause]
```

说明：

(1) 如果没有指定 WHERE 子句，MySQL 表中的所有记录将被删除。

(2) 可以在 WHERE 子句中指定任何条件。

(3) 可以在单个表中一次性删除记录。

示例删除 runoob_tbl 表中 runoob_id 为 3 的记录：

```
DELETE FROM runoob_tbl WHERE runoob_id=3;
```

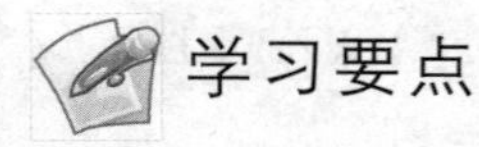

学习要点

一、知识一览图

实现本项目需要的知识如图 5-1 所示。

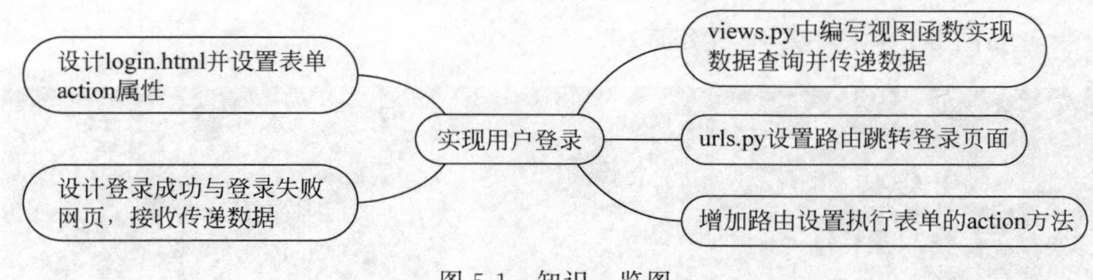

图 5-1　知识一览图

二、SQL 注入问题

在拼接 SQL 时有一些 SQL 的特殊关键字参与字符串的拼接，会造成安全性问题。例如，随便输入用户名，输入密码：'a' or 'a' = 'a'。

```
select * from user where username = '***' and password = 'a' or 'a' ='a'
```

输入的密码类似于'a' or 'a' = 'a'这样的格式的一般都是可以登录成功的，这就存在用户登录的安全性问题。解决方法是：所有敏感的信息不要自己去做拼接操作，交给固定的模块帮你去过滤数据，防止 SQL 注入，在 pymysql 中 execute 可以实现过滤。MySQLdb 的字符串格式化不是标准的 python 的字符串格式化，应当一直使用%s 用于字符串格式化，Python 中无论是否是整数，字符串占位符都为 %s。

Python 中存在 SQL 注入风险的 SQL 语句，错误的用法：

```
sql = "select * from user where username=%s and password=%s"%(username,password)
cur.execute(sql)
```

注意：若想让程序不出错，%s 一定需要加上引号。

正确用法：execute()函数本身接收 SQL 语句参数位，可以通过 Python 自身的函数处理 SQL 注入问题。

```
args = (username,password)
cur.execute(' select * from user where name=%s and password=%s ', args )
```

使用以上参数代入方式，Python 会自动过滤 args 中的特殊字符，制止 SQL 注入的产生。

1. 使用 execute 拼接

```
sql = 'select * from user where name=%s and password=%s'
cursor.execute(sql, (username,password))
```

2. 不使用拼接

```
sql = "select * from user where username='%s' and password='%s'"%(username,
password)
cursor.execute(sql)
```

任务：实现用户登录

一、任务描述

与数据库连接，实现用户登录，当输入正确的用户名和密码后，出现“***，欢迎登录”，具体可参考如图 5-2 和图 5-3 所示页面。

图 5-2　登录页面

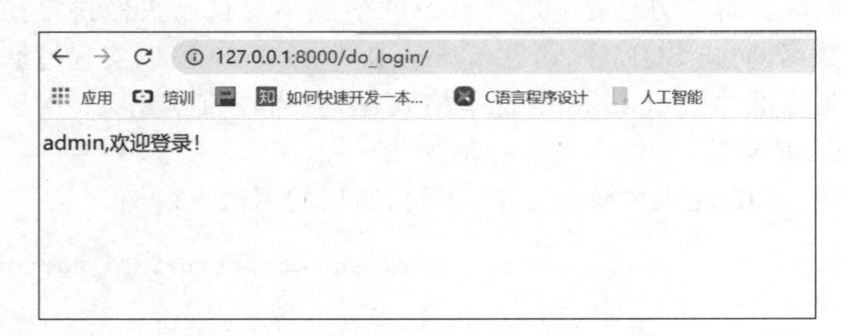

图 5-3　登录成功页面

当输入错误的用户名和密码后，出现如图 5-4 所示页面。

图 5-4　登录失败页面

二、任务实现流程

任务实现的具体流程如图 5-5 所示。

说明：用户实现登录时，不论成功还是失败都需要将用户名传递到相应的网页中，为此需要使用模板变量。具体的实现过程是在视图函数中使用 render 方法实现数据传递，在成

http://127.0.0.1:8000/login/

设计login页面，添加表单相应的action属性和method属性

ok.html

设计ok.html页面使用模板变量显示***, 欢迎登录

nok.html

设计nok.html页面使用模板变量显示***，登录失败

路由文件urls.py-编写路由
urlpatterns = [
    path('login/', views.login),
    path('do_login/', views.do_login),
]

视图文件views.py-编写视图函数
def do_login(request):
    获取表单数据
    实现数据库连接
    定义游标
    执行查询
    依据查询是否成功来判断登录是否成功

配置文件settings.py-注释中间件
'django.middleware.csrf.CsrfViewMiddleware',

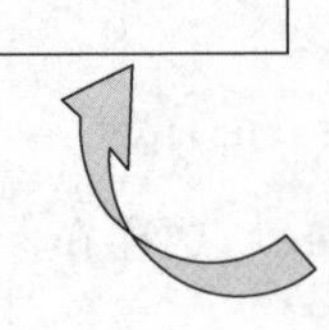

图 5-5　任务实现流程

功或者失败页面中使用模板变量接收传递过来的参数实现显示即可。

三、任务功能模块解析

（一）拼接方法

为了避免 SQL 注入，我们不要自己做拼接，用 pymysql 自带的 execute 传参数的方式有以下三种方法。

1. 拼接成元组

```
sql = "select * from userinfo where username = %s and password = %s"
cursor.execute(sql, (user, pwd))
```

2. 拼接成列表

```
sql = "select * from userinfo where username = %s and password = %s"
cursor.execute(sql, [user, pwd])
```

3. 拼接成字典

```
sql = "select * from userinfo where username = %(u)s and password = %(p)s" cursor.
execute(sql, {'u': user, 'p': pwd})
```

（二）render 方法

从 HttpResponse 函数可看出，如果要生成网页内容，需要将 HTML 语言以字符串形式传入，开发者不可能将 HTML 全写在这里，于是 Django 定义了 render 函数。该函数一般可接收两个参数，一是 request 参数，二是待渲染的 html 模板文件（即 html 网页），其他参数可以是默认选项，比如第三个参数 context 是对模板上下文进行赋值，以字典的形式表

示，第四个参数 content_type 是响应内容的数据格式，第五个参数 status 是 HTTP 状态码，第六个参数 using 是设置模板引擎，它的作用就是将数据填充进模板文件，最后把结果返回给浏览器。

render 函数原型如图 5-6 所示。

```
def render(request, template_name, context=None, content_type=None, status=None, using=None):
    """
    Return a HttpResponse whose content is filled with the result of calling
    django.template.loader.render_to_string() with the passed arguments.
    """
    content = loader.render_to_string(template_name, context, request, using=using)
    return HttpResponse(content, content_type, status)
```

图 5-6　函数原型

例如：

```
render(request,"students.html",{"students":stus})
```

其中，将获取的数据 stus 赋给了模板变量 students，这样在 students. html 网页中就可以直接使用模板变量的值。

四、任务实现过程

（一）添加 login. html 页面中的部分属性

1. 设置表单的 action 属性和 method 属性

```
<form action="/do_login/" method="post">
```

2. 设置表单中 input 标签的 name 属性

```
<input type="text" placeholder="Username/Email" name="uname">
<input type="password" placeholder="Password" name="pwd">
```

（二）添加网页，实现登录成功与失败信息提示

（1）右击 templates，新建 HTML File，命名为 ok. html，该网页在用户实现登录后出现“用户名，欢迎登录”字样，为此用到模板变量，在 body 中添加：

```
{{ username }},欢迎登录!
```

其中，username 是视图函数中传递过来的信息。

（2）右击 templates，新建 HTML File，命名为 nok. html，该网页在用户实现登录后出现“用户名，登录失败”字样，为此用到模板变量，在 body 中添加：

```
{{ username }},登录失败!
```

其中，username 是视图函数中传递过来的信息。

（三）编写 views. py 视图函数

```
def do_login(request):
    if request.method == 'POST':
```

```
        username = request.POST.get('uname', None)
        password = request.POST.get('pwd', None)
        #print(username, password)
    conn = pymysql.connect(host="localhost", port=3306, db="student", user=
"root", password="r123456")
    cursor = conn.cursor(pymysql.cursors.DictCursor)
    cursor.execute("select * from users where name = %s and password = %s",
(username, password))
    if cursor.rowcount > 0:
        #username 传递给 html
        return render(request, "ok.html", {'username': username})
    else:
        #username 传递给 html
        return render(request, 'nok.html', {'username': username})
```

（四）编写路由 urls. py

```
urlpatterns = [
    path('login/', views.login),
    path('do_login/', views.do_login),
]
```

（五）注释 settings. py 文件中的中间件以便实现跨页

```
MIDDLEWARE = [
    'django.middleware.security.SecurityMiddleware',
    'django.contrib.sessions.middleware.SessionMiddleware',
    'django.middleware.common.CommonMiddleware',
    #'django.middleware.csrf.CsrfViewMiddleware',
    'django.contrib.auth.middleware.AuthenticationMiddleware',
    'django.contrib.messages.middleware.MessageMiddleware',
    'django.middleware.clickjacking.XFrameOptionsMiddleware',
]
```

任务评价

通过该任务的实现，检查自己是否掌握了以下技能，在表格中给出个人评价。

评价标准	个人评价
能够在 PyCharm 集成开发环境中，新建 Django 项目	
能够创建项目 App	
能够创建 MySQL 数据库	
能够实现 Python 与数据库连接	
能够编写 SQL 语句实现数据查询	
能够使用模板变量实现数据的读取	
能够编写 urls. py 实现路由设置	
能够启动项目	

注：A 表示完全能做到，B 表示基本能做到，C 表示部分能做到，D 表示基本做不到。根据个人情况填入上表中。

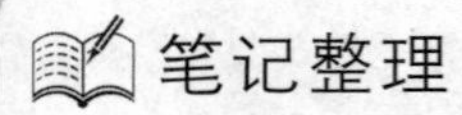

实现用户登录的关键代码

能力提升

当用户登录成功后进入 stu. html 页面，实现该页面显示数据表中的学生信息。

延伸阅读

一、什么是 SQL 注入

SQL 注入攻击指的是通过构建特殊的输入作为参数传入 Web 应用程序，而这些输入大都是 SQL 语法里的一些组合，通过执行 SQL 语句进而执行攻击者所要的操作，其主要原因是程序没有细致地过滤用户输入的数据，致使非法数据侵入系统。

根据相关技术原理，SQL 注入可以分为平台层注入和代码层注入。前者由不安全的数据库配置或数据库平台的漏洞所致；后者主要是由于程序员对输入未进行细致的过滤，从而执行了非法的数据查询。

（一）SQL 注入的产生原因

（1）不当的类型处理。

（2）不安全的数据库配置。

（3）不合理的查询集处理。

(4) 不当的错误处理。

(5) 转义字符处理不合适。

(6) 多个提交处理不当。

(二) Python 中拼接动态 SQL 存在的方案

1. %s 占位符形式

```
sql = "SELECT vip, coin FROM user_asset WHERE uid='%s' " % uid
cursor.execute(sql)
```

2. format 形式

```
sql = "SELECT vip, coin FROM user_asset WHERE uid='{}' ".format(uid)
cursor.execute(sql)
```

3. f string 形式

```
sql = f"SELECT vip, coin FROM user_asset WHERE uid='{uid}' "
cursor.execute(sql)
```

以上三种方式均是通过 Python 本身的占位符语法先动态生成完整 SQL,而后直接提交到 db 执行,我们将其归为第一类。MySQLdb 的字符串格式化不是标准的 Python 的字符串格式化,应当一直使用%s 用于字符串格式化。Python 中无论是否为整数,字符串占位符都为 %s。

二、具体问题具体分析

在实现数据查询时为了避免出现 SQL 注入问题,采用相应的策略进行处理,坚持具体地分析具体情况,就是坚持辩证唯物论为基础的唯物辩证法。也就是说,必须深入实际,调查研究。

具体问题就是实际存在的事物即实事向人们展现的问题。把具体问题及其相关事物作为认识的对象,辩证思维需要经历一个从感性具体到抽象规定、从抽象规定再到理性具体的否定之否定过程。只有具体问题具体分析,才能最终获得理性具体的科学成果,进而提供解决具体问题、改造客观世界的正确方法。

具体问题具体分析是马克思主义的一个重要原则和活的灵魂,也是我们在一切工作中必须严格遵守的基本方法;具体问题具体分析是人们正确认识事物的基础,只有从实际出发,具体地分析矛盾的特殊性,才有可能区分事物,认识事物的客观情况和事物的发展规律;具体问题具体分析是人们正确解决矛盾的关键,只有对具体问题作具体分析,把握事物的特殊性,才能找到解决矛盾的正确方法。党的二十大报告中也明确指出,“只有把马克思主义基本原理同中国具体实际相结合、同中华优秀传统文化相结合,坚持运用辩证唯物主义和历史唯物主义,才能正确回答时代和实践提出的重大问题,才能始终保持马克思主义的蓬勃生机和旺盛活力”。

操作 ORM

需求分析

为了能够让不懂 SQL 语句的用户通过 Python 面向对象的知识点也能够轻松自如地操作数据库，在 Django 中可以通过 ORM 使用操作对象的方式来操作数据库中的数据。本项目通过使用 ORM 实现数据的添加、修改、删除以及查询操作，无须任何 SQL 语句。

学习目标

知识目标：

1. 掌握 ORM 程序技术；
2. 掌握使用 ORM 实现数据的添加、删除、修改以及查询。

能力目标：

1. 能使用 ORM 程序技术实现数据的基本操作；
2. 能下载第三方库。

素质目标：

1. 培养学生的空间想象能力；
2. 培养学生解决问题的能力。

预备知识

一、Django 模型简介

在 Django 的框架设计中采用了 MTV 模型，即 Model、Template、Viewer、Django 提供了一个抽象层(Model)构建和管理 Web 应用程序的数据。Django 使用一种新的方式，即对象关系映射(object relational mapping，ORM)。Model 相对于传统的三层或者 MVC 框架来说就相当于数据处理层，它主要负责与数据的交互。在使用 Django 框架设计应用系统时，需要注意的是 Django 默认采用的是 ORM 框架中的 codefirst 模型，也就是说开发人员只需要专注于代码的编写，而不需要过多地关注数据库层面的东西，把开发人员从数据库中解放出来。Django 支持 sqlite3、MySQL、oracle、PostgreSQL 等数据库，只需要在 settings. py 中配置即可，不用更改 models. py 中的代码，丰富的 API 极大方便了使用。

二、对象关系映射

对象关系映射(object relational mapping，ORM)是一种程序技术，用于实现面向对象编程语言中不同类型系统的数据之间的转换。从效果上说，它其实是创建了一个可在编程语言里使用的“虚拟对象数据库”。ORM 用来把对象模型表示的对象映射到基于 SQL 的关系模型数据库结构中。在具体操作实体对象时，就不需要再去和复杂的 SQL 语句打交道，只需简单的操作实体对象的属性和方法。ORM 技术在对象和关系之间提供了一条桥梁，前台的对象型数据和数据库中的关系型数据通过这个桥梁来相互转化。

Django 对象关系映射（上）

（一）ORM 的优势

（1）ORM 解决的主要问题是对象和关系的映射。它通常将一个类和一张表一一对应，类的每个实例对应表中的一条记录，类的每个属性对应表中的每个字段。

（2）ORM 提供了对数据库的映射，不用直接编写 SQL 代码，只需操作对象就能对数据库操作数据，让软件开发人员专注于业务逻辑的处理，提高了开发效率。

（3）ORM 实现了数据模型与数据库的解耦，屏蔽了不同数据库操作上的差异，不用再关注 MySQL、Oracle 等，通过简单的配置就可以轻松更换数据库，而不需要修改代码。

（二）ORM 的劣势

（1）ORM 在映射过程中面向对象编程到 SQL 语句之间的映射需要过程时间，造成性能缺失。

（2）ORM 的操作是有限的，也就是 ORM 定义好的操作是可以完成的，一些复杂的查询操作则完成不了。

Django 中内嵌了 ORM 框架，不需要直接面向数据库编程，而是定义模型类，通过模型类和对象完成数据表的增删改查操作。数据库的操作主要是以类的形式出现，Django 框架中 models. py 文件提供可自定义创建类的接口，用类与数据库的表相映射，类中的静态字段（属性）相当于数据库表的字段，每一个实例对象相当于数据库中的表记录。

Model 的作用是定义对象模型，一般都是和数据库里的表对应，一个表对应一个 model 类，表里面的字段对应 model 类的属性，这其实是 MVC 思想中 M 的 model 层。每个模型是一个 Python 类，子类 django. db. models. model，模型中的每个属性代表一个数据库字段，映射关系如图 6-1 所示。

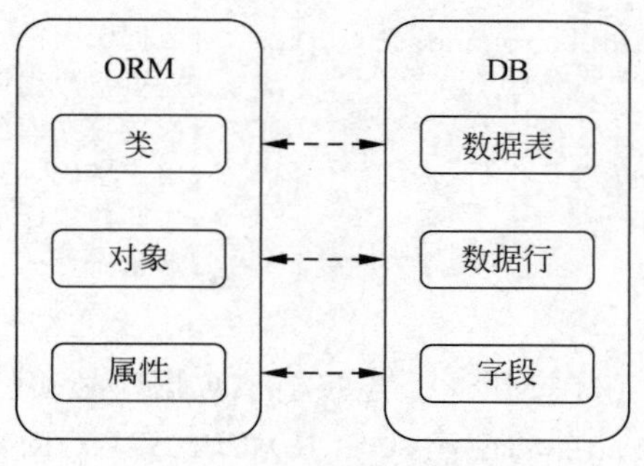

图 6-1　model 层映射关系

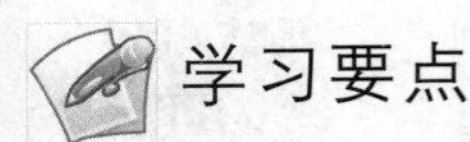

学习要点

一、知识一览图

实现本项目需要的知识如图 6-2 所示。

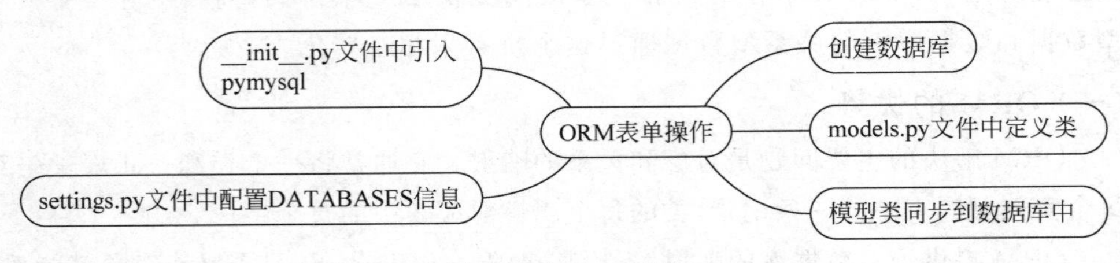

图 6-2　知识一览图

二、数据库的设置

Django 对象关系映射（下）

在 Django 中，Django 默认使用 sqlite 的数据库，默认自带 sqlite 的数据库驱动。引擎名称：django. db. backends. sqlite3。

settings. py 默认支持的数据库，如图 6-3 所示。

```
75  # Database
76  # https://docs.djangoproject.com/en/3.2/ref/settings/#databases
77
78  DATABASES = {
79      'default': {
80          'ENGINE': 'django.db.backends.sqlite3',
81          'NAME': BASE_DIR / 'db.sqlite3',
82      }
83  }
```

图 6-3　默认数据库

如果要改为 mysql 数据库，则将'default'中原有两行内容删除，修改为如下设置：

```
'default': {
    'ENGINE': 'django.db.backends.mysql',     #数据库引擎
    'NAME': 'test',                           #这里指数据库名称，需要提前创建
    'USER': 'root',                           #连接数据库的用户名称
    'PASSWORD': '123456',                     #用户密码，因机器而异
    'HOST': 'localhost',                      #访问数据库的主机，默认为 localhost
    'PORT': '3306',                           #默认 mysql 访问端口
}
```

NAME 即数据库的名字，在 MySQL 连接前该数据库必须已经创建，而上面的 sqlite 数据库下的 db. sqlite3 则是项目自动创建，USER 和 PASSWORD 分别是数据库主机授权的用户名和密码。

三、配置数据库步骤

（一）使用 MySQL 的数据库需要先安装驱动程序

（1）下载第三方 MySQL 库。

按 Win+R 组合键，在打开的界面的运行框中输入 cmd，并输入：

```
pip install pymysql
```

（2）在与 Django 项目同名的目录下的__init__. py 文件中写如下代码，作用是让 Django 的 ORM 的能以 MySQLdb 的方式来调用 PyMySQL：

```
import pymysql
pymysql.install_as_MySQLdb()
```

（二）修改 settings. py 文件中的 DATABASES 配置信息

根据上面数据库的设置进行修改即可。

（三）在 MySQL 的中创建数据库

数据库 Django 框架不会自动生成，需要我们自己进入 MySQL 数据库去创建。打开数据库终端，在命令行登录 mysql，创建名为 test 的数据库。

```
create database test charset=utf8;
```

注意：

（1）设置字符集为 utf8。

（2）数据库名称要与上述“数据库的设置”中的数据库名称相同，这里数据库的名称是 test。

（3）也可以直接在 Navicat 中创建数据库。

（四）在 App 下面的 models. py 文件中定义一个类

这个类必须继承 models. Model，基本形式如下：

```
class 类名(models.Model):
    字段名 = models.字段类型(设置选项)
    ...
```

1. 数据库表名

模型类如果未指明表名，Django 默认以小写 app 应用名_小写模型类名为数据库表名。使用内部 Meta 类来给模型赋予属性，Meta 类下有很多内建的类属性，可对模型类做一些控制，在内部 Meta 类中可通过 db_table 指明数据库表名，例如定义了数据表中的两个字段，一个 name 字段，一个 pwd 字段，并将表名改为 users：

```
class Users(models.Model):
    name = models.CharField(max_length=20)
    pwd = models.CharField(max_length=10)
    class Meta:
        db_table = 'users'
```

2. 主键

Django 会为表创建自动增长的主键列，每个模型只能有一个主键列，如果使用选项设置某属性为主键列后 Django 不会再创建自动增长的主键列。

默认创建的主键列属性为 id，可以使用 pk 代替，pk 全拼为 primary key，系统自动生成 py 文件，显示如图 6-4 所示。

settings.py views.py disp.html models.py 0001_initial.py urls.py

```
12
13      operations = [
14          migrations.CreateModel(
15              name='Users',
16              fields=[
17                  ('id', models.BigAutoField(auto_created=True, primary
18                  ('name', models.CharField(max_length=20)),
19                  ('pwd', models.CharField(max_length=10)),
20              ],
21              options={
22                  'db_table': 'users',
23              },
24          ),
```

图 6-4　系统生成 py 文件

3. 属性命名限制

（1）不能是 Python 的保留关键字。

（2）不允许使用连续的下画线，这是由 Django 的查询方式决定的。

（3）定义属性时需要指定字段类型，通过字段类型的参数指定选项，语法如下：

```
属性= models.字段类型(选项)
```

（五）将模型类同步到数据库中

1. 生成本地数据库文件

```
python manage.py makemigrations
```

在 PyCharm 的 Terminal 中输入 python manage. py makemigrations 命令，这个命令是记录我们对 models. py 的所有改动，并且这个改动迁移到 migrations 下会生成一个文件，如图 6-5 所示。

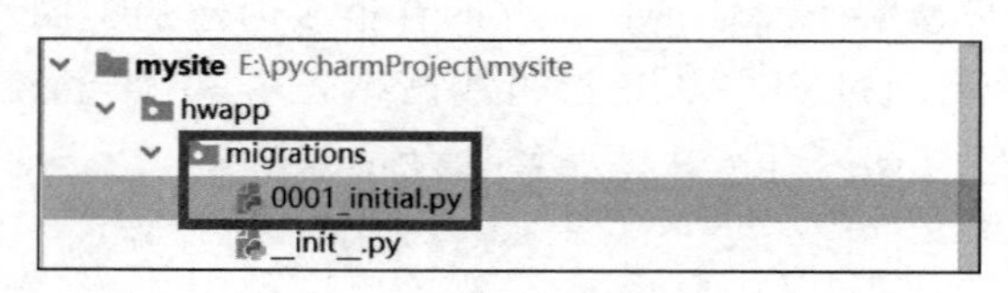

图 6-5　migrations 文件目录

例如，0001 文件，如果接下来还要进行改动，可能生成另外一个文件，不一定都是 0001

文件，但是这个命令并没有作用到数据库。

2. 推送到 MySQL 数据库

执行迁移命令：

```
python manage.py migrate
```

当执行 python manage. py migrate 命令时这条命令的主要作用就是把这些改动作用到数据库，也就是执行 migrations 里面新改动的迁移文件更新数据库，比如创建数据表，或者增加字段属性。

另外，这两个命令默认情况下是作用于全局，也就是对所有最新更改的 models 或者 migrations 下面的迁移文件进行对应的操作，如果想仅对部分 App 进行作用，则执行如下命令：

```
python manage.py makemigrations appname
python manage.py migrate appname
```

（六）检查

数据表建立好，进入 Navicat 后可以看到数据库以及名称为 users 的数据表，如图 6-6 所示。

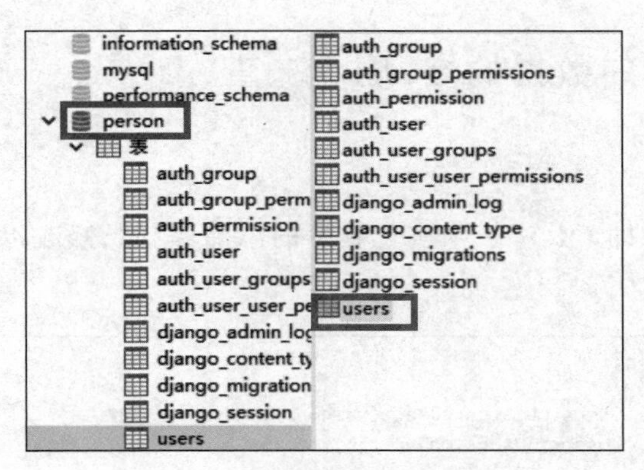

图 6-6　自动生成的数据库及表

四、通过模型类操作数据表

（一）添加数据

在 PyCharm 的 Terminal 中输入 python manage. py shell 进入项目 shell 的命令，在交互式 shell 终端实现数据添加，向 users 表中插入一条数据，参考代码如下：

Django 数据库操作 API

```
from app1.models import Users    #app1 是 App 名称
u = Users()
u.name = 'ss'
u.pwd = '111'
u.save()                         #调用 save()方法才会将数据存入数据库
```

上述方式等价于：Users. objects. create(name='ff',pwd='111')。

（二）查询数据

```
u1=Users.objects.get(id=1)       #查询 id 为 1 的用户
u1.name                          #输出 ss
```

（三）修改数据

```
u1.name = "abc"
u1.save()                        #调用 save()方法才能更新数据表中数据
```

（四）删除数据

```
u1.delete()
```

（五）查询所有的数据

```
us = Users.objects.all()
us.values()
输出:<QuerySet [{'id': 2, 'name': 'ff', 'pwd': '111'}, {'id': 3, 'name': '李四',
'pwd': '123'}]>
```

任务：实现用户数据的增、删、改、查

一、任务描述

使用对象关系映射即 ORM 技术实现数据的添加、删除、修改以及查询，具体实现过程如图 6-7 和图 6-8 所示。

```
In [1]: from HWapp.models import Users

In [2]: Users.objects.create(name= 'ff',pwd = '111')
Out[2]: <Users: Users object (1)>

In [3]: u1=Users.objects.get(id=1)

In [4]: u1.name
Out[4]: 'ff'
```

图 6-7　添加数据

```
In [5]: u1.name = "abc"

In [6]: u1.save()

In [7]: us = Users.objects.all()

In [8]: us.values()
Out[8]: <QuerySet [{'id': 1, 'name': 'abc', 'pwd': '111'}]>
```

图 6-8　修改以及查询数据

二、任务实现流程

任务实现的具体流程如图 6-9 所示。

settings.py中配置数据库信息

__init__.py引入pymysql
import pymysql
pymysql.install_as_MySQLdb()

新建数据库

models.py定义模型类
类中的属性就是字段名称

Terminal编写代码
将模型类同步到数据库中

Terminal编写代码
python manage.py shell
运用shell终端实现数据的增、删、改、查

图 6-9 任务实现流程

三、任务功能模块解析

Django Model
详细讲解

Django 的模型(Model)的本质是类,并不是一个具体的对象(Object)。当设计好模型后,就可以对 Model 进行实例化从而创建一个一个具体的对象。Django 对于创建对象提供了两种不同的 save()与 create()方法。

假设已经设计好了一个 Person 的模型:

```
from django.db import models
class Users(models.Model):
    name = models.CharField(max_length=20)
    pwd = models.CharField(max_length=10)
    class Meta:
        db_table = 'users'
```

(一) 用 save 方法创建对象

用 save 方法创建一个名叫 Li xiang 的具体对象,只有用了 save()方法后,Django 才会将这个对象的信息存储到数据库中。

```
li = models.Users(name="li hua", pwd='123')
li.save()
```

(二) 用 create 方法创建对象

用 save 方法创建对象有两步,而且编程人员容易忘记加上 save(),Django 提供了一个更便捷的 create 方法。如果使用 create 方法,无须再加上 save()。create 方法不仅创建了新的对象,而且直接将信息存储到数据库里。

```
john = models .Users.objects.create(name="John Fourkas")
```

（三）save 与 create 方法比较

create 只能用于创建新的对象，在数据库层总是执行 insert 的操作。save 不仅用于创建新的对象，也能用于更新对象的现有数据，在数据库层总是先执行 update，找不到具体对象后再执行 insert 的操作。对于创建全新的对象，两者都可以使用。如果更新已有对象信息，只能用 save()方法。

四、任务实现过程

对象关系映射新建数据表

（1）在与 Django 项目同名的目录下的__ init __. py 编写引入代码。

```
import pymysql
pymysql.install_as_MySQLdb()
```

（2）修改 settings. py 文件中的 DATABASES 配置信息。

这里以创建名为 Person 的数据库为例：

```
DATABASES = {
    'default': {
        "ENGINE": "django.db.backends.mysql",
        "NAME": "Person", #需要自己手动创建数据库
        "USER": "root",
        "PASSWORD": "r123456", #密码
        "HOST": "localhost",
        "POST": 3306
    }
```

（3）在 MySQL 的中创建数据库。

```
create database Person charset=utf8;
```

（4）在 App 下面的 models. py 文件中定义一个类，并修改表名为 users。

```
from django.db import models
class Users(models.Model):
    name = models.CharField(max_length=20)
    pwd = models.CharField(max_length=10)
    class Meta:
        db_table = 'users'
```

（5）将模型类同步到数据库中。

在 Pycharm 的 Terminal 分别执行以下两段代码：

```
python manage.py makemigrations
python manage.py migrate
```

（6）进入项目 shell 编写代码实现数据的添加、修改、删除、查询等操作。

执行查询操作可以在 shell 页面查看结果，其他操作打开 Navicat 即可查看。

任务评价

通过该任务的实现，检查自己是否掌握了以下技能，在表格中给出个人评价。

评价标准	个人评价
能够在 PyCharm 集成开发环境中，新建 Django 项目	
能够创建项目 App	
能够使用 ORM 框架创建 Model 模型	
能够理解 Model 模型中属性与方法的含义	
能够依据要求编写 Model 类完成数据表创建	
能够使用 shell 实现数据的增、删、改、查	
能够在 shell 中查看运行结果	

注：A 表示完全能做到，B 表示基本能做到，C 表示部分能做到，D 表示基本做不到。

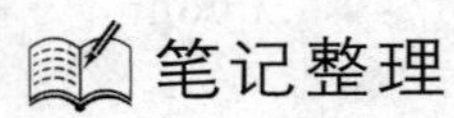

笔记整理

Django 中配置数据库过程

能力提升

运用 ORM 技术新建的数据学生数据表,并在网页显示信息。

延伸阅读

一、常用字段类型

(1) AutoField：自增的整型字段,必填参数 primary_key＝True,则成为数据库的主键。无该字段时,Django 自动创建。一个 model 不能有两个 AutoField 字段。

(2) IntegerField：整数类型,数值的范围是 －2147483648～2147483647。

(3) CharField：varchar 字符类型,必须提供 max_length 参数。max_length 表示字符的长度。

(4) DateField：日期类型,日期格式为 YYYY-MM-DD,相当于 Python 中的 datetime.date 的实例。参数说明如下。

① auto_now：每次修改时修改为当前日期时间。

② auto_now_add：新创建对象时自动添加当前日期时间。

③ auto_now 和 auto_now_add 和 default 参数是互斥的,不能同时设置。

(5) DatetimeField：日期时间字段,格式为 YYYY-MM-DD HH：MM[：ss[. uuuuuu]][TZ],相当于 Python 中的 datetime. datetime 的实例。

(6) SmallIntegerField(IntegerField)：小整数,取值范围 －32768～32767。

(7) PositiveIntegerField(PositiveIntegerRelDbTypeMixin, IntegerField)：正整数,取值范围是 0～2147483647。

(8) BigIntegerField(IntegerField)：长整型(有符号的),取值范围是 －9223372036854775808～9223372036854775807。

(9) BooleanField(Field)：布尔值类型。

(10) NullBooleanField(Field)：可以为空的布尔值。

(11) TextField(Field)：文本类型。

(12) EmailField(CharField)：字符串类型,Django Admin 以及 ModelForm 中提供验证机制。

(13) IPAddressField(Field)：字符串类型,Django Admin 以及 ModelForm 中提供验证 IPv4 机制。

(14) GenericIPAddressField(Field)：字符串类型,Django Admin 以及 ModelForm 中提供验证 IPv4 和 IPv6 机制。参数说明如下。

① protocol,用于指定 IPv4 或 IPv6,'both',"ipv4","ipv6"。

② unpack_ipv4,如果指定为 True,则输入：：ffff：192. 0. 2. 1 时,可解析为 192. 0. 2. 1,开启此功能,需要 protocol＝"both"。

(15) URLField(CharField)：字符串类型,Django Admin 以及 ModelForm 中提供验证 URL。

(16) SlugField(CharField)：字符串类型,Django Admin 以及 ModelForm 中提供验证,支持字母、数字、下画线、连接符(减号)。

(17) CommaSeparatedIntegerField(CharField)：字符串类型，格式必须为逗号分隔的数字。

(18) UUIDField(Field)：字符串类型，Django Admin 以及 ModelForm 中提供对 UUID 格式的验证。

(19) FilePathField(Field)：字符串，Django Admin 以及 ModelForm 中提供读取文件夹下文件的功能。参数说明如下。

① path：文件夹路径。

② match=None：正则匹配。

③ recursive=False：递归下面的文件夹。

④ allow_files=True：允许文件。

⑤ allow_folders=False：允许文件夹。

(20) FileField(Field)：字符串，路径保存在数据库，文件上传到指定目录。参数说明如下。

① upload_to=""：上传文件的保存路径。

② storage=None：存储组件，默认 django. core. files. storage. FileSystemStorage。

(21) ImageField(FileField)：字符串，路径保存在数据库，文件上传到指定目录。参数说明如下。

① upload_to=""：上传文件的保存路径。

② storage=None：存储组件，默认 django. core. files. storage. FileSystemStorage。

③ width_field=None：上传图片的高度保存的数据库字段名(字符串)。

④ height_field=None：上传图片的宽度保存的数据库字段名(字符串)。

(22) DateTimeField(DateField)：日期+时间格式 YYYY-MM-DD HH:MM[:ss[. uuuuuu]][TZ]。

(23) DateField(DateTimeCheckMixin,Field)：日期格式　　YYYY-MM-DD。

(24) TimeField(DateTimeCheckMixin,Field)：时间格式　　HH:MM[:ss[. uuuuuu]]。

(25) DurationField(Field)：长整数，时间间隔，数据库中按照 bigint 存储，ORM 中获取的值为 datetime. timedelta 类型。

(26) FloatField(Field)：浮点型。

(27) DecimalField(Field)：十进制小数，参数说明如下。

① max_digits：小数总长度。

② ecimal_places：小数位长度。

③ BinaryField(Field)：二进制类型。

二、精益求精，严谨细致

在利用 ORM 框架技术实现 Model 模型创建时需要考虑到其属性、方法以及外联性等各个方面，这些均需要软件设计人员思维缜密、严谨细致的品质。

鲁迅先生不仅是一位热情的战士，也是一位冷静的学者。他的治学精神和他的战士精神一样，黑白分明。他在学问上决不妥协，要研究什么便把握住丝毫不放松。他出版了很多书籍，自校对到封面的装帧，全部是出于自己之手。他校对时，一个字一个字地细校，决不苟且马虎，决不肯有半点放松。不马虎，不苟且，从根本上下功夫，这便是鲁迅的治学精神。

反向生成 Model 模型

需求分析

项目中需要创建多个数据表，每个数据表的创建都需要在 models 中编写一个对应的 class 有些太麻烦，为此可以使用现有数据库表反向生成 Model 类以实现数据的访问。本项目借助于数据表反向生成 Model 类，实现用户管理系统的登录、用户信息显示、用户的添加、用户信息的修改以及删除指定用户操作。

学习目标

知识目标：

1. 掌握 Django 中使用 inspectdb 方向生成 Model 类；
2. 掌握 Model 类数据库的基本操作。

能力目标：

1. 能运用现有数据库方法生成 Model 类；
2. 能使用 Model 类模型实现数据的添加、删除、修改以及查询。

素质目标：

1. 培养学生综合运用学习知识解决问题的能力；
2. 培养学生的自主学习能力。

预备知识

一、正则表达式

正则表达式是对字符串操作的一种逻辑公式，我们一般使用正则表达式对字符串进行匹配和过滤。正则表达式由普通字符和元字符组成，普通字符包含大小写字母、数字，在匹配普通字符时直接书写即可。关于元字符具体介绍如下。

（一）字符组

字符组用“[]”括起来，在[]中出现的内容会被匹配。例如：[abc] 匹配 a 或 b 或 c，如果字符组中的内容过多还可以使用“_”符号，例如，[a-z]匹配 a～z 的所有字母，[0-9]匹配所有阿拉伯数字，[a-zA-Z0-9]匹配的是大写字母、小写字母和阿拉伯数字。

（二）简单元字符

匹配除换行符以外的任意字符。

- \w 匹配字母或数字下画线。

- \s 匹配任意的空白符。
- \d 匹配数字。
- \n 匹配一个换行符。
- \t 匹配一个制表符。
- \b 匹配一个单词的结尾。
- ^匹配字符串的开始。
- $ 匹配字符串的结尾。
- \W 匹配非字母或数字或下画线。
- \D 匹配非数字。
- \S 匹配非空白符。
- a|b 匹配字符 a 或字符 b。
- (...)匹配圆括号中的正则表达式并指定一个组。
- [...] 匹配字符组中的字符。
- [^...] 匹配除了字符组中字符的所有字符。
- (?P<id>)与(...)类似,且该组获得名称 id。

(三) 量词

当一次性匹配很多个字符时,需要用到量词。

- * 重复零次或更多次。
- + 重复一次或更多次。
- ? 重复零次或一次。
- {n} 重复 *n* 次。
- {n,} 重复 *n* 次或更多次。
- {n,m}重复 *n* 到 *m* 次。

(四) 特殊分组法

- (?p<name>)除了原有的编号外再指定一个额外的别名。
- (?p=name)引用别名为<name>的分组匹配到字符串。
- \<number> 匹配编号为<number>的分组匹配到字符串。

二、re_path()函数

如果想在路径中捕捉数据,可使用 re_path()函数。re_path()和 path()的作用是一样的,只不过 re_path()是在写 url 的时候可以用正则表达式,功能更加强大,可以替代 path()使用,但是 path()效率比 re_path()高,少一步解析路由地址。在正则表达式中使用参数需要使用"()"括起来,使用基本形式是"(?P <参数的名字>)",并在后面添加正则表达式的规则。

re_path 函数基本形式如下:

```
re_path('路径(正则表达式)',视图函数名,name='路由别名')
```

说明:正则表达式为命名分组模式(?P <name> pattern);匹配提取参数后用关键字传参方式传递给视图函数。

学习要点

一、知识一览图

实现本项目需要的知识如图 7-1 所示。

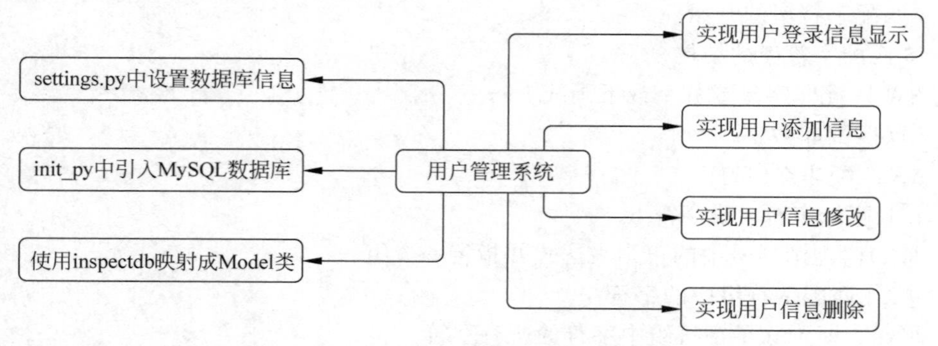

图 7-1　知识一览图

二、反向生成 Model 实体类

Django 反向生成 Model 模型

Django 会根据 Model 类生成一个数据库镜像文件，然后使用该镜像文件生成数据库，同时该文件将记录与数据库同步版本的变化。所以在使用 Django 进行开发时不要手工去修改数据库，这样会造成 Django 框架的版本记录不正确，从而无法正确地同步数据模型与数据库的内容。Django 中类与数据表是一一对应的，如果数据表有多个就需要创建多个 Model 类与其进行映射，会增加程序的复杂程度。如果数据表是已经存在的，可以通过 inspectdb 处理类，将现有数据库里的一个或多个或全部数据表反向生成 Django Model 实体类。

反向生成 Model 类基本命令参数，在 Pycharm 中的 Terminal 中输入如下代码：

```
python manage.py inspectdb --database default tb1,tb2 >myApp/models.py
```

也可以直接写成：

```
python manage.py inspectdb >myApp/models.py
```

说明：

(1) --database default：要转换的数据库配置别名。

(2) --database：对应 settings. py 文件中的 DATABASES 数据库配置，当项目配置了两个以上的数据库才要通过--database，不加--database 参数默认就是指向 default 的数据库。

(3) tb1,tb2：要转换的数据表名，多个表名之间用逗号隔开，如果不加表名参数即是数据库里的全部表。

(4) myApp：App 名称。

(5) >myApp/models. p：输出到文件名，文件名路径是相对 manage. py 文件的。

当执行了 inspectdb 程序后，进入 App 中的 models. py 中可以看到映射过来的表结构，如图 7-2 所示。

```
class Users(models.Model):
    name = models.CharField(max_length=255, blank=True, null=True)
    password = models.CharField(max_length=255, blank=True, null=True)

    class Meta:
        managed = False
        db_table = 'users'
```

图 7-2　反向生成的 Model 类

反向生成名为 users 的数据表，包含 name、password 字段，其中有些字段的 ID 并没有显示出来，该字段是主键且是自动递增的字段。后面讲解均以映射过来的 users 为例。

三、Model 数据库操作

（一）Django 中原生数据库操作

用 Django 操作原生 MySQL 的方法：MyModel. objects. raw()执行查询语句和使用游标 cursor 对数据库进行增删改。

(1) 在 Django 中，可以使用模型管理器的 raw 方法来执行 select 语句进行数据查询，基本语法如下：

```
MyModel.objects.raw('sql 语句')
```

其中，MyModel 是映射过来的 Model 类名；返回值是 RawQuerySet 集合对象。

(2) 使用 Django 中的游标 cursor 对数据库进行增删改操作。

在 Django 中可以使用 UPDATE、DELETE、INSERT 等 SQL 语句对数据库进行操作。在 Django 中使用上述非查询语句必须使用游标进行操作。

使用步骤如下。

(1) 导入 cursor 所在的包。

Django 中的游标 cursor 定义在 django. db. connection 包中，使用前需要先导入：

```
from django.db import connection
```

(2) 用创建 cursor 类的构造函数创建 cursor 对象，再使用 cursor 对象，使用 execute 方法实现数据的基本操作。

```
cursor=connection.cursor()
cursor.execute("insert into users(name) values('郭敬明')")
cursor.execute('select *from users')
raw=cursor.fetchone()                     #返回结果行游标直读向前，读取一条
cursor.fetchall()                         #读取所有
```

（二）Model 数据操作

使用 Model 数据库可以基本避免写 sql 语句的环节，加快了编写速度。

1. 数据的查询

从数据库中查询出来的结果一般是一个集合，这个集合叫作 QuerySet。在控制器上调

用方法返回查询集(QuerySet),QuerySet 支持链式查询。

查询方法汇总如表 7-1 所示。

表 7-1　数据查询方法汇总

方　法	说　明
all()	返回所有数据
filter()	返回符合条件的数据
exclude()	过滤掉符合条件的数据
order_by()	排序
values()	返回一个列表,一条数据就是一个字典
values_list()	返回一个列表,获取某个字段的值列表
get()	返回一个满足条件的对象,如果没有找到符合条件的对象,会引发模型类.DoesNotExist 异常,如果找到多个,会引发模型类.MultiObjectsReturned 异常
first()	返回查询集的第一个对象。可能会出现 first、last 获取到的是相同的对象
last()	返回查询集的最后一个对象。可能会出现 first、last 获取到的是相同的对象
count()	返回当前查询集的个数
exist()	判断查询集中是否有数据,有数据返回 True,否则返回 False

例如:

```
models.Users.objects.all()                                  #获取全部数据
models.Users.objects.all().values('name')                   #只取 name 列
models.Users.objects.all().values_list('id','name')
                                                            #取出 id 和 name 列,并生成一个列表
models.Users.objects.get(id=1)
models.Users.objects.get(name='admin')
```

2. 数据的添加

1) 采用 create 方法实现

```
models.Users.objects.create(name='yangmv',password='123456')
```

2) 采用 save 方法实现

```
obj = models.Users (name ='yangmv', password ='123456')
obj.save()
```

3) 采用 create 传入字典方法实现

```
Dic={'name': 'yangmv' ,'password':'123456'}
models.Users.objects.create(**Dic)
```

注意:传入字典必须在字典前加两个星号。

3. 数据的修改

1) 全部更改

```
models.Users.objects.all().update(password='123')#将表中所有的 password 均改
                                                  为 123
```

2）指定行的更改

```
models.Users.objects.filter(name='yangmv').update(password ='123')
```

上述代码可以更改为

```
obj = models.Users.objects.get(name='yangmv')
obj.password= '123'
obj.save()
```

4. 数据的删除

1）删除指定的信息

```
models.Users.objects.filter(name='yangmv').delete()#删除 name 为 yangmv 的记录
```

2）删除所有信息

```
models.Users.objects.all().delete()
```

任务：实现用户的登录与用户信息的删除

一、任务描述

创建 student 数据库包含数据表 users 存放用户信息，stu 表存放学生基本信息，利用 inspectdb 命令方向生成 Model 类模型，实现用户登录功能，会员登录效果如图 7-3 所示。

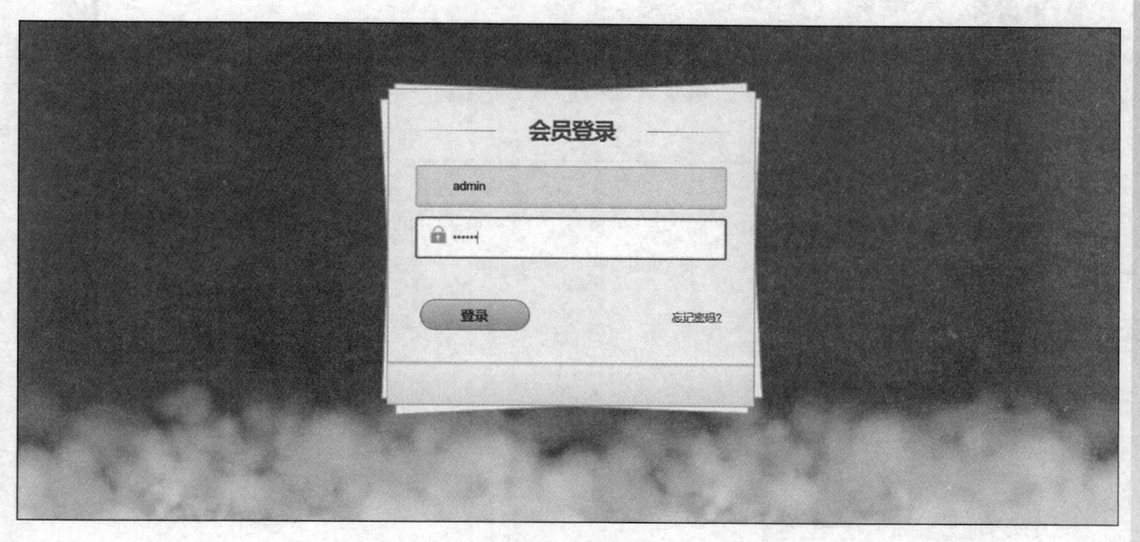

图 7-3 登录页面

当用户输入正确的用户名和密码后显示学生信息，如图 7-4 所示。

在该页面中用户可以单击右上角“添加用户”实现用户的添加，可以单击每一行后面的“删除”实现本条信息的删除，“修改”实现学生信息的修改，具体参考图 7-5 和图 7-6 实现数据的添加以及修改。

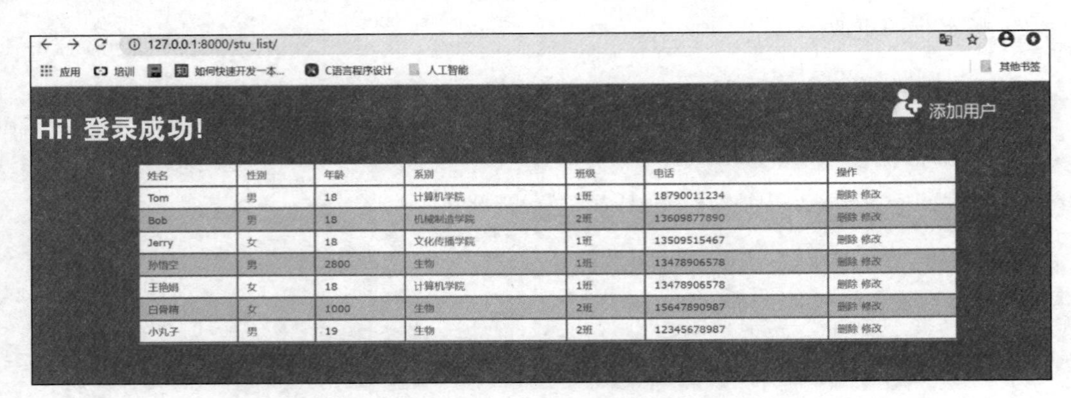

图 7-4　学生信息显示页面

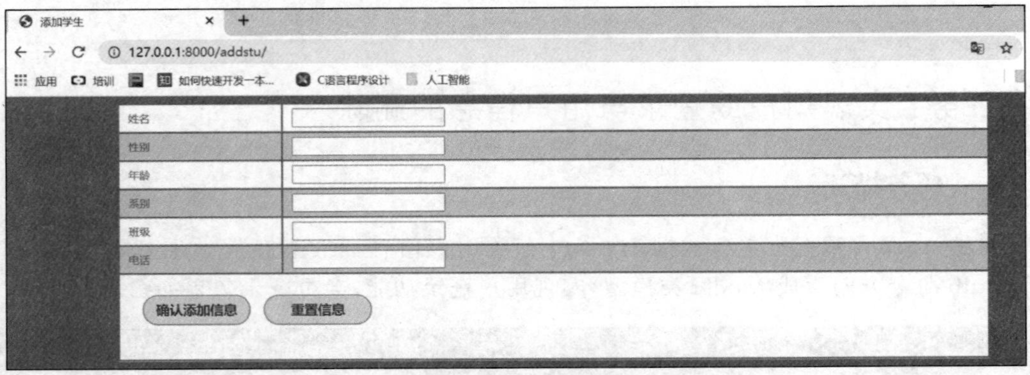

添加学生
127.0.0.1:8000/addstu/
应用 培训 如何快速开发一本... C语言程序设计 人工智能
姓名
性别
年龄
系别
班级
电话
确认添加信息 重置信息

图 7-5　学生信息添加页面

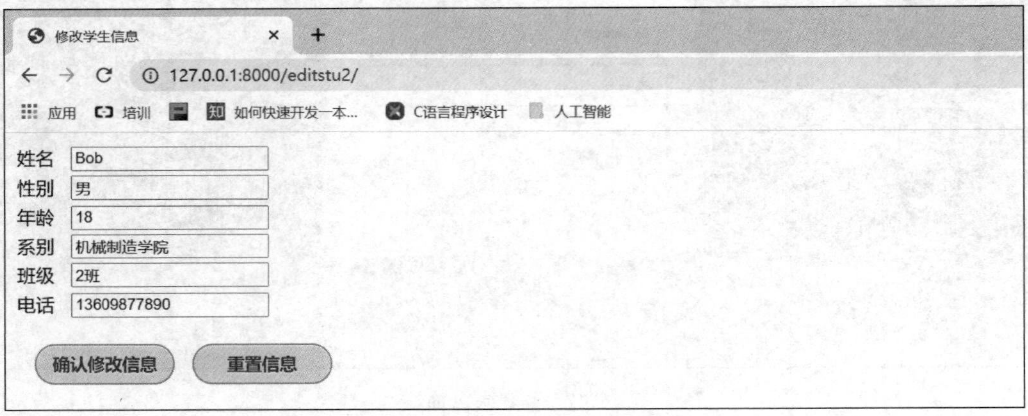

修改学生信息
127.0.0.1:8000/editstu2/
应用 培训 如何快速开发一本... C语言程序设计 人工智能
姓名 Bob
性别 男
年龄 18
系别 机械制造学院
班级 2班
电话 13609877890
确认修改信息 重置信息

图 7-6　学生信息修改页面

二、任务实现流程

（1）实现用户登录流程如图 7-7 所示。

（2）实现用户删除流程如图 7-8 所示。

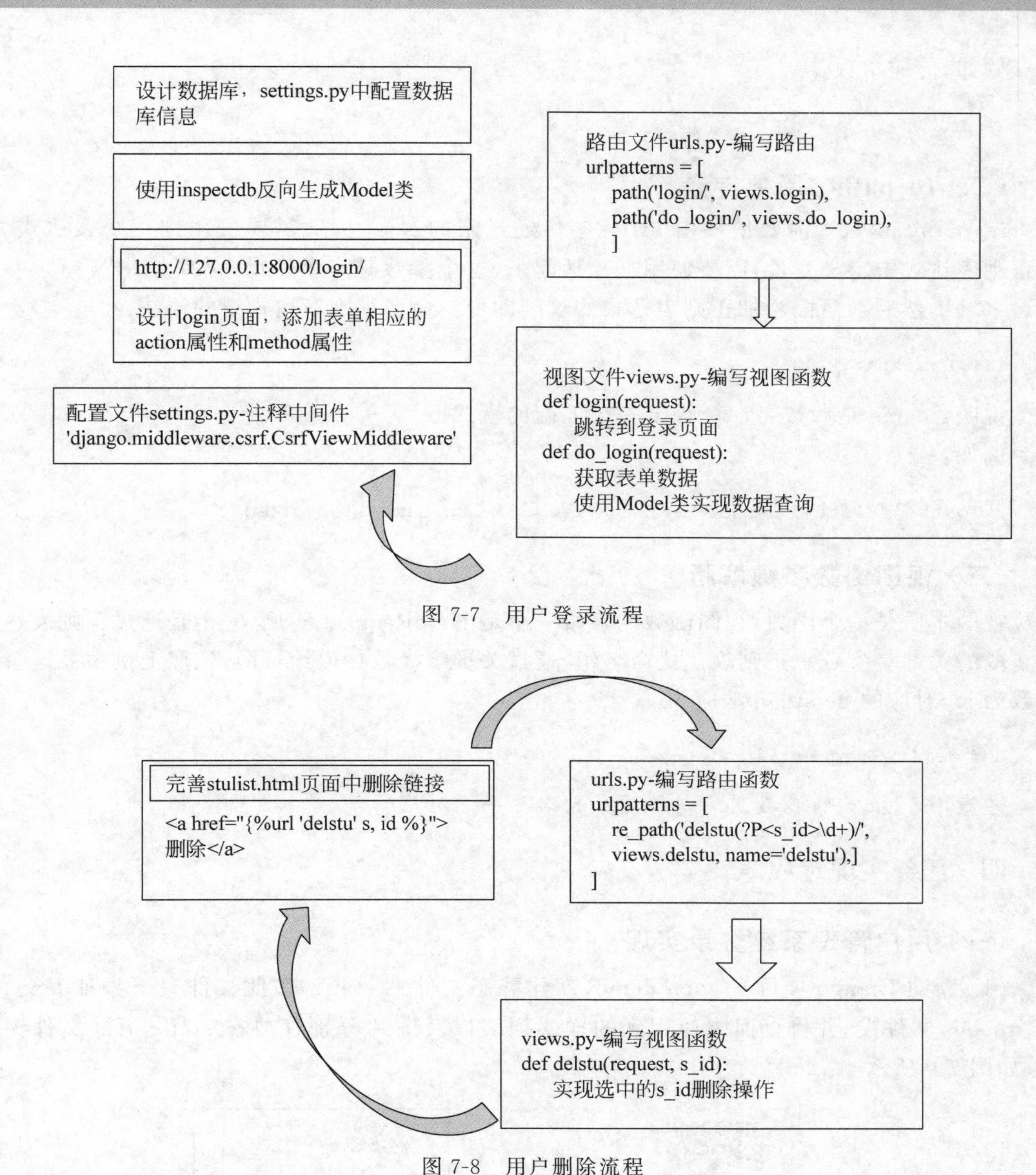

图 7-7 用户登录流程

图 7-8 用户删除流程

三、任务功能模块解析

（一）url 标签传递参数

在实现数据删除与修改时需要依据数据表中的 id 来进行，为此在 html 网页中使用 url 标签传递参数，其作用是解析视图函数对应的 URL 模式，它的使用语法格式如下：

```
{% url 'url_name' [args1] %}
```

说明：其中 args1 可以省略，表示传递的参数，参数可以是多个，url_name 是 url 自定义的别名，可以在配置路由地址时通过 path 的 name 属进行设置，而后面的 args1 参数是用于定义动态的 url 即带有查询的字符串的 url。

例如，传递参数：

```
{% url 'delstu' id %}
```

（二）re_path()函数传参

re_path()函数中需要使用由 url 标签传递过来的参数，为此需要使用到正则表达式。在正则表达式中定义变量，需要使用"()"括起来，这个参数是有名字的，需要使用"(?P <参数名字>)"，然后在后面添加正则表达式的规则即可。命名正则表达式组的语法：

```
(?P<name>pattern)
```

说明：name 是参数名；pattern 是要匹配的模式。

例如：

```
re_path('delstu(?p< id>\d+ )/',views.delstu,name= 'delstu'),
```

（三）视图函数参数解析

视图本质是一个函数，视图函数的参数一个是 HttpRequest 实例，一个是通过正则表达式获取的关键字参数。正则表达式命名组，通过关键字参数传递给视图，依照上例中关键字参数为 id，对应的 delstu 方法应为

```
def delstu(request,id)
```

注意：通过(?P <参数名>)与视图参数名要一一对应。

四、任务实现过程

（一）用户管理系统登录实现

(1) 新建 Django 项目 Studentdemo，新建静态文件夹 static，在此文件夹下添加 CSS、JS、images 文件夹，并将页面中使用到的样式列表以及图片分别存放在 static 下的文件夹中，如图 7-9 所示。

反向生成 Model 模型实现信息查询

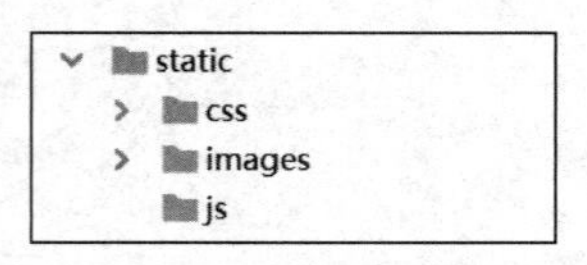

图 7-9　静态文件夹结构

在配置文件 settings. py 中配置 STATICFILES_DIRS 为静态文件的存储路径，具体代码如下：

```
STATICFILES_DIRS =[
    os.path.join(BASE_DIR, 'static')
]
```

(2) 创建 App-HWapp，同时在配置文件 settings. py 中引入 os、添加 App、注释中间件以及设置数据库基本信息。

```
'default': {
    'ENGINE': 'django.db.backends.mysql', #数据库引擎
    'NAME': 'test',                        #这里指数据库名称,需要提前创建
    'USER': 'root',                        #连接数据库的用户名称
    'PASSWORD': '123456',                  #用户密码,因机器而异
    'HOST': 'localhost',                   #访问数据库的主机,默认为 localhost
    'PORT': '3306',                        #默认 mysql 访问端口
}
```

(3) 连接数据库并实现数据库的反向映射。

Studentdemo 下的 init_py 中添加如下代码:

```
import pymysql
pymysql.install_as_MySQLdb()
```

Terminal 中输入命令行实现数据库反向映射 Model 类:

```
python manage.py inspectdb >HWApp/models.py
```

此时可以打开 HWapp 下的 models. py 查看数据表是否已经映射过来,如图 7-10 所示。

```
class Stu(models.Model):
    name = models.CharField(max_length=255, blank=True, null=True)
    sex = models.CharField(max_length=255, blank=True, null=True)
    age = models.IntegerField(blank=True, null=True)
    department = models.CharField(max_length=255, blank=True, null=True)
    banjia = models.CharField(max_length=255, blank=True, null=True)
    tel = models.CharField(max_length=255, blank=True, null=True)
    class Meta:
        managed = False
        db_table = 'stu'

class Users(models.Model):
    name = models.CharField(max_length=255, blank=True, null=True)
    password = models.CharField(max_length=255, blank=True, null=True)
    class Meta:
        managed = False
        db_table = 'users'
```

图 7-10 映射的 Model 模型

可以看到数据库中的 stu 和 users 表全部映射过来,上面的 name、sex、age 等就是数据表中的字段,这些数据表的主键均是 id,是自动递增的。

(4) 在 templates 下新建 index. html,并设计登录界面的 CSS 样式,具体界面如图 7-11 所示。

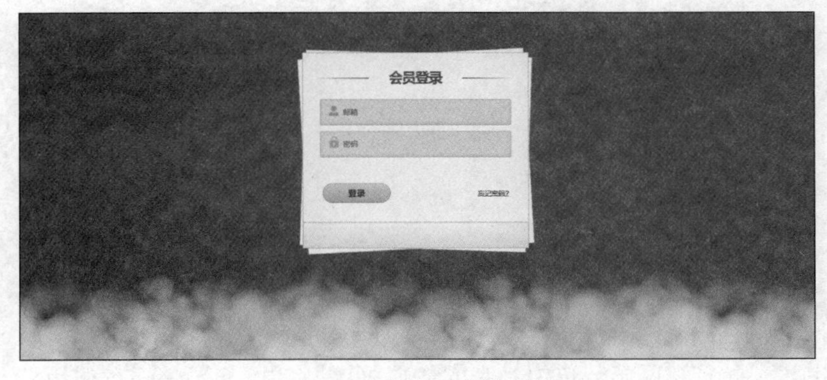

图 7-11 登录页面效果图

新建 stulist.html,编写 CSS 样式,当用户登录成功后进入该页面并显示 stu 表中的信息,可以在该页面实现修改和删除指定用户信息,用户也可以单击右上角的"添加用户"实现用户的添加,界面如图 7-12 所示。

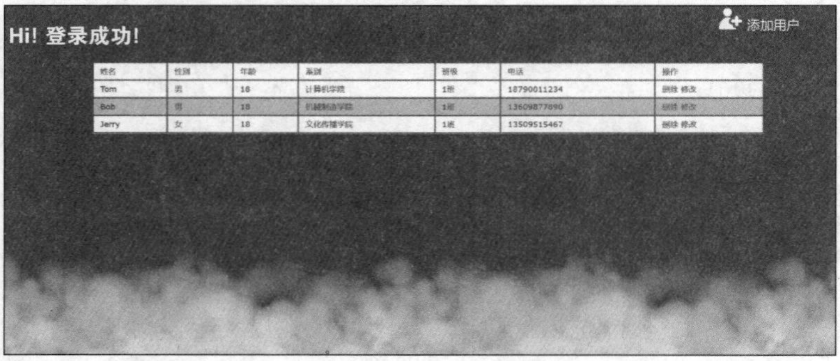

图 7-12　用户显示页面效果图

主要的 HTML 代码参考如下:

```
<h1>Hi! 登录成功!</h1>
<div class="head"><a href="{% url 'addstu' %}"><img src="../static/images/jia.png" width="40px"> 添加用户</a></div>
<table id="table-1">
    <thead>
    <tr>
        <td>姓名</td>
        <td>性别</td>
        <td>年龄</td>
        <td>系别</td>
        <td>班级</td>
        <td>电话</td>
        <td>操作</td>
    </tr>
    </thead>
    <tbody>
    {% for s in stu %}
        <tr>
            <td>{{ s.name }}</td>
            <td>{{ s.sex }}</td>
            <td>{{ s.age }}</td>
            <td>{{ s.department }}</td>
            <td>{{ s.banjia }}</td>
            <td>{{ s.tel }}</td>
            <td>
                <a href="#">删除</a>
                <a href="#">修改</a>
            </td>
        </tr>
    {% endfor %}
    </tbody>
</table>
```

说明:其中 stu 是视图函数传递过来的数据,可以使用 for 标签实现遍历。

(5) 实现登录。

① index. html 中更改页面设置：

```
<form action="/do_login/" method="post">
```

并添加邮箱和密码文本框的 name 属性，分别为 username、password。

② 进入 views. py 编写视图函数：

```
def login(request):
    return render(request, 'index.html')
def do_login(request):
    if request.method == 'POST':
        username = request.POST.get('username')
        password = request.POST.get('password')
    rows=models.Users.objects.raw('select * from users where name=%s and password
=%s',[username,password])
    if rows:
        stu= models.Stu.objects.raw('select * from stu')
        return render(request,'stulist.html',{'stu':stu})
    else:
        return HttpResponse('登录失败')
```

③ 进入 urls. py 设置路由：

```
urlpatterns = [
    path('login/', views.login),
    path('do_login/', views.do_login),
]
```

(二) 用户管理系统的删除

反向生成 Model 模型
实现信息删除

(1) 进入 stulist. html 中，添加删除操作链接：

```
<a href="{% url 'delstu' s.id %}">删除</a>
```

说明：s 是传递过来的 stu 遍历的数据子集；s. id 表示要删除的记录 id。

(2) 进入 views. py 编写视图函数：

```
def delstu(request,s_id):
    stu= models.Stu.objects.filter(id=s_id).delete()
    if stu:
        stu = models.Stu.objects.raw("select * from stu")
        return render(request, 'stulist.html', {'stu': stu})
    else:
        return HttpResponse('删除失败!')
```

(3) 进入 urls. py 设置路由：

```
urlpatterns = [
    re_path('delstu(?P<s_id>\d+)/', views.delstu,name='delstu'),
]
```

说明：name 与 html 中 a 链接中的要一致。

任务评价

通过该任务的实现，检查自己是否掌握了以下技能，在表格中给出个人评价。

评价标准	个人评价
能够在 PyCharm 集成开发环境中，新建 Django 项目	
能够创建项目 App	
能够创建 MySQL 数据库	
能够使用 inspectdb 命令反向生成 Model 模型类	
能够使用 Model 数据操作方法实现数据的增、删、改、查	
能够使用 re_path()函数实现参数传递	
能够编写 urls. py 实现路由设置	
能够启动项目	

注：A 表示完全能做到，B 表示基本能做到，C 表示部分能做到，D 表示基本做不到。

笔记整理

Django 反向生成 Model 类的过程

能力提升

(1) 当单击 stulist.html 右上角的"添加用户"时,实现用户管理系统用户的添加,添加页面可参考图 7-13。

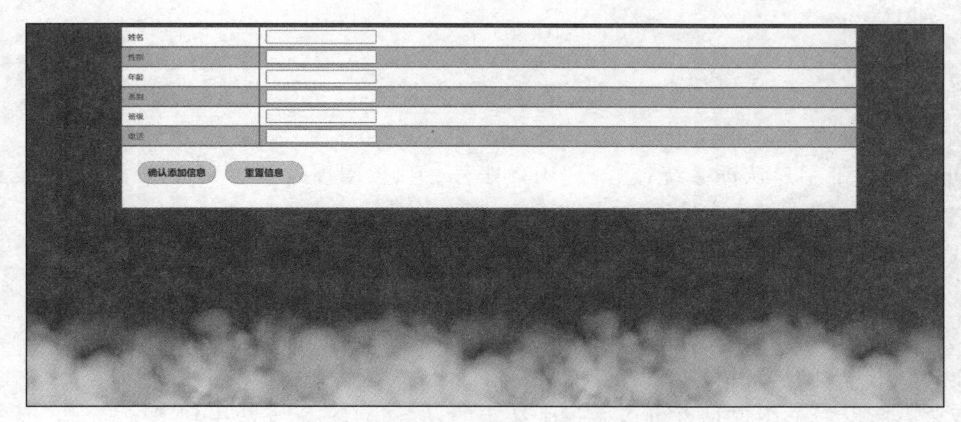

图 7-13 用户添加页面效果图

(2) 当单击 stulist.html 中的"修改"后实现用户管理系统用户信息的修改,页面可参考图 7-14。

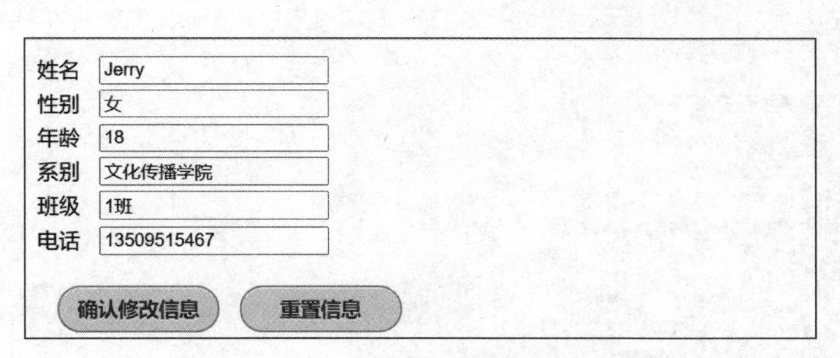

图 7-14 用户修改页面效果图

延伸阅读

一、Django 自带的用户管理系统

(一) Django 自带的用户系统的含义

Django 内置了 Auth 认证系统,整个 Auth 系统可以分为三大部分:用户信息、用户权限和用户组,在数据库中分别对应 auth_user、auth_permission 和 auth_group。

(二) Django 自带的用户管理系统的优势

默认实现了用户的注册、用户登录、用户认证、注销、修改密码等功能。

(三) 如何使用自带的用户系统(写出重要的方法或者配置)

创建表时继承 AbstractUser,其中默认已经生成了基本的字段,但是手机等特殊字段需要自己添加。

（四）用户模型类 AbstractUser

1. User 对象基本属性

创建一个用户表必有 username、password。

创建一个用户表可有 emial、phone、first_name 等。

2. 创建用户

```
user_obj = User.object.create(username=username,password=password)
```

3. 用户认证的方法

Django 自带用户认证系统，它处理用户账号、组、权限以及基于 cookie 的用户会话。

(1) Django 认证系统同时处理认证和授权。

认证：验证一个用户是否是他声称的那个人，可用于账号登录。

授权：授权决定一个通过了认证的用户被允许做什么。

(2) Django 认证系统包含的内容。

用户：用户模型类、用户认证。

权限：标识一个用户是否可以做一个特定的任务，MIS 系统常用到。

组：对多个具有相同权限的用户进行统一管理，MIS 系统常用到。

密码：一个可配置的密码哈希系统，用于设置密码、密码校验。

4. 处理密码的方法

设置密码：

```
set_password(raw_password)
```

校验密码：

```
check_password(raw_password)
```

5. model

```
#导入
from django.db import models
from django.contrib.auth.models import AbstractUser
#重写用户模型类, 继承自 AbstractUser
class User(AbstractUser):
    """自定义用户模型类"""
    #在用户模型类中增加 mobile 字段
    mobile = models.CharField(max_length=11, unique=True, verbose_name='手机号')
    #对当前表进行相关设置:
    class Meta:
        db_table = 'tb_users'
        verbose_name = '用户'
        verbose_name_plural = verbose_name
    #在 str 魔法方法中, 返回用户名称
    def __str__(self):
        return self.username
```

6. settings

Django 用户模型类是通过全局配置项 AUTH_USER_MODEL 决定的，又因为我们重

写了用户模型类，所以需要重新指定默认的用户模型类：

```
AUTH_USER_MODEL = 'users.User'
```

二、善用逆向思维

项目中需要创建多个数据表，每个数据表的创建都需要在 models 中编写一个对应的类有些太麻烦，能否依据现有的数据表生成类呢？答案是肯定的，这就是逆向思维。

小时候我们都学过《司马光砸缸》的课文："群儿戏于庭，一儿登瓮，足跌没水中，众皆弃，光持石击瓮，水迸，儿得活。"一般情况下，大部分人想的是"让人离开水"，而司马光"持石击瓮"，让"水离开人"，不仅达到了同样的目的，而且极为快捷，这就是他的机智所在。司马光的这种思维方式就是典型的"逆向思维"。一般的正向思维是沿着习惯性的思考路径去思考问题，而逆向思维则是打破固有思维模式，悖逆常态思维路径的一种思考方法。

学会换位思考，直击问题本质。换位思考是逆向思维的一种方式，它是指站在对方的角度思考和分析问题，通过揣摩对方的感受和想法来做决策调整。这种思维方式往往能够抓住问题关键，让决策更有效。学会预判风险，从失败中找教训。老话说，"先小人后君子"。我们在开展工作时，如果能做出充分的预判，提前把失败的概率和容易出现的风险隐患提前考虑清楚，有针对性地落实相应措施，就能最大可能地规避风险。正向思维是我们早已习惯的思维方式，也是最直接最快速的思维方式。但事实上，很多问题仅仅依靠正向思考是难以解决的。代数学家卡尔·雅各比经常说："反过来想，总是反过来想。"当大家都朝着一个固定的思维方向思考问题时，你却反其道而行之，很多时候不仅能够弥补正向思维的缺陷，还能起到"柳暗花明又一村"的绝佳效果。

结合 jQuery 实现联动

需求分析

如果是前后端分离项目，Django 只负责输出 API，那么直接使用 React. JS、Vue. JS 等现代的前端框架都挺好。如果是传统的 Django Templates 等模板渲染前端页面，JavaScript 只是负责一些小的交互，可以考虑 jQuery 框架，它可以直接操作 DOM 并做局部的修改。本项目是通过借助 jQuery 在 Django 中实现省市区三联动。

学习目标

知识目标：

1. 掌握 jQuery 的使用；
2. 掌握 URL 路由参数设置。

能力目标：

1. 能使用异步传输实现省市区三联动；
2. 能使用 jQuery 实现网页特效。

素质目标：

1. 培养学生运用前端技术解决网页动效的能力；
2. 培养学生的自主学习能力。

预备知识

一、jQuery 简介

（一）jQuery 特性

jQuery 是一个 JavaScript 函数库，是一个轻量级的“写的少，做得多”的 JavaScript 库。jQuery 库包含以下功能：HTML 元素选取；HTML 元素操作；CSS 操作；HTML 事件函数；JavaScript 特效和动画；HTML DOM 遍历和修改；AJAX。其优点是占用空间少，缩小并压缩后的 jQuery 文件只有 30KB；符合 CSS3 规范，支持 CSS3 选择器查找元素以及样式属性操作；跨浏览器，jQuery 兼容各种主流浏览器，如 IE、Chrome、Firefox、Safari、Opera 等。除此之外，jQuery 还提供了大量的插件，为我们的日常开发中提供了很多便利，节约更多时间。

（二）如何使用 jQuery

(1) 引用下载的本地文件。在创建项目时，在页面标签内通过< script >标签引入已经下载好的 jQuery 库即可，无须特别的安装，把下载文件放到与页面相同的目录中，这样更方便使用。

```
<head>
<script type="text/javascript" src="jquery.JS"></script>
</head>
```

注意：< script >标签应该位于页面的< head >部分。

(2) 如果不下载 jQuery 库，那么也可以通过 CDN(内容分发网络)引用它。谷歌和微软的服务器都存有 jQuery。如需从谷歌引用 jQuery，请使用以下代码：

```
<head>
<script src="http://ajax.googleapis.com/ajax/libs/jquery/1.8.0/jquery.min.JS">
</script>
</head>
```

如需从 Microsoft 引用 jQuery，请使用以下代码：

```
<head>
<script src="http://ajax.aspnetcdn.com/ajax/jquery/jquery-1.8.0.JS"></script>
</head>
```

二、jQuery 语法

通过 jQuery，可以选取 HTML 元素，并对它们执行“操作”(actions)。

（一）基础语法

jQuery 语法是为 HTML 元素的选取编制的，可以对元素执行某些操作。基础语法如下：

```
$(selector).action()
```

说明：美元符号定义 jQuery；选择符(selector)“查询”和“查找” HTML 元素；action()是执行对元素的操作。

文档就绪函数：所有 jQuery 函数位于一个 document ready 函数中，这是为了防止文档在完全加载(就绪)之前运行 jQuery 代码。

```
$(document).ready(function(){
    //jQuery functions go here
});
```

（二）选择器

1. jQuery 基本选择器

基本选择器是 jQuery 中最常用的选择器，也是最简单的选择器，它通过元素 id、class 和标签名等来查找 DOM 元素，在网页中，每个 id 名称只能使用一次，class 允许重复使用，基本选择器介绍如表 8-1 所示。

表 8-1　基本选择器

选 择 器	描　　述	返　回	示　　例
#id	根据给定的 ID 匹配一个元素	单个元素	$("#test")选取 ID 为 test 的元素
.class	根据给定的类名匹配元素	集合元素	$(".test")选取所有 class 为 test 的元素
element	根据给定的元素名匹配元素	集合元素	$("p")选取所有的 p 元素
*	匹配所有元素	集合元素	$("*")选取所有元素

2. jQuery 层次选择器

如果想通过 DOM 元素之间的层次关系来获取特定的元素，例如后代元素、子元素、相邻元素和同辈元素等，那么层次选择器是一个非常好的选择，具体如表 8-2 所示。

表 8-2　层次选择器

选 择 器	描　　述	返　回	示　　例
$("ancestor des")	在给定祖先元素下匹配所有的后代元素	集合元素	$("div span")选取 div 元素里的所有 span 元素
$("parent>child")	在给定的父元素下匹配所有的子元素	集合元素	$("div>span")选取 div 元素下名为 span 的子元素
$("prev+next")	选取紧接在 prev 元素后的 next 元素	集合元素	$(".a+div")选取 class 为 a 的下一个 div 元素

（三）jQuery 事件

1. 事件的引入

jQuery 事件处理方法是 jQuery 中的核心函数。事件处理程序指的是当 HTML 中发生某些事件时所调用的方法，通常会把 jQuery 代码放到<head>部分的事件处理方法中。例如隐藏所有的 p 元素：

```
<head>
<script type="text/javascript" src="jquery.JS"></script>
<script type="text/javascript">
$(document).ready(function(){
  $("button").click(function(){
    $("p").hide();
  });
});
</script>
</head>
```

如果网站包含许多页面，为了 jQuery 函数易于维护，可以将 jQuery 函数放到独立的.JS 文件中，通过 src 属性来引用文件。例如：

```
<head>
<script type="text/javascript" src="jquery.JS"></script>
<script type="text/javascript" src="my_jQuery_functions.JS"></script>
</head>
```

2. jQuery 中常用方法参数解析

相关方法参数说明如下。

无参：获取值。

参数 param：设置值。

参数是回调函数：

```
参数 function(index,oldVal){}回调函数【返回我们所要使用的新值】
```

回调函数的两个参数：被选元素列表中当前元素的下标和原始(旧的)值。

3. 事件类型

常用事件如表 8-3 所示。

表 8-3 常用事件

Event 函数	绑定函数至
$(document).ready(function)	将函数绑定到文档的就绪事件(当文档完成加载时)
$(selector).click(function)	触发或将函数绑定到被选元素的单击事件
$(selector).dblclick(function)	触发或将函数绑定到被选元素的双击事件
$(selector).focus(function)	触发或将函数绑定到被选元素的获得焦点事件
$(selector).mouseover(function)	触发或将函数绑定到被选元素的鼠标悬停事件

(四) change()方法

当元素的值改变时发生 change 事件(仅适用于表单字段)。change()方法触发 change 事件,或规定当发生 change 事件时运行的函数。当用于 select 元素时,change 事件会在选择某个选项时发生；当用于 textfield 或 textarea 时,change 事件会在元素失去焦点时发生。基本语法如下。

(1) 触发被选元素的 change 事件：

```
$(selector).change()
```

(2) 添加函数到 change 事件：

```
$(selector).change(function)
```

例如,当< input >字段改变时警报文本：

```
$("input").change(function(){
    alert("文本已被修改");
});
```

三、jQuery 举例

绘制两个 div(200×200),分别是红色和黄色,实现单击任一个 div 后向右移动 500px,用时 3ms。

(一) HTML 网页框架搭建

```
<head>
    <meta charset="UTF-8">
    <title>Title</title>
```

```
    <script src="../static/JS/jquery-3.4.1.min.JS"></script>
    <style>
        div{
            width: 200px;
            height: 200px;
        }
    </style>
</head>
<body>
    <div class="red"></div>
    <div id="yellow"></div>
</body>
```

（二）编写脚本代码

```
<script>
    $(function () {
        $('div').css('background','green');
        $('.red').css('background','red');
        $('#yellow').css('background','yellow');
        $('div').click(function () {
            $(this).animate({'margin-left':'500px'},3000);
        })
    })
</script>
```

学习要点

一、知识一览图

实现本项目需要的知识如图 8-1 所示。

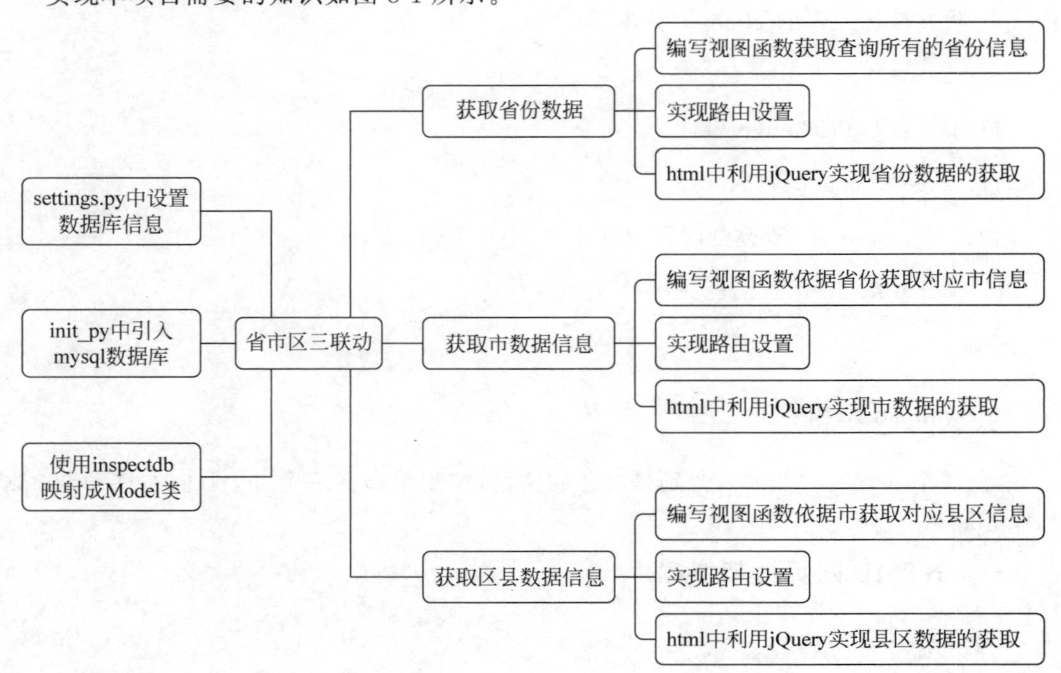

图 8-1　知识一览图

二、Django 的路由基础

（一）路由系统概述

Django 路由系统

URL 路由在 Django 项目中的体现就是 urls. py 文件，这个文件可以有很多个，但绝对不会在同一目录下。实际上 Django 提倡项目有个根 urls. py，各 App 下分别有自己的一个 urls. py，既集中又分治是一种解耦的模式。新建一个 Django 项目，默认会自动创建一个/project_name/urls. py 文件，并自动包含一些内容，这就是项目的根 URL。

一个 url 实例的对象，全在根配置完成，内部由 url 组成。在 Django2. 0 以下的版本中定义 url 组成，例如：

```
url(r'^learn/',views.learn)
```

在 Django 2. 0 以上版本中定义 path 和 re_path：

```
from django.urls import path, re_path
path('learn/', views.learn)
```

或

```
re_path('learn/',views. learn)   #re_path 中定义的路由地址可以写正则表达式
```

路由系统就是路径和视图函数的一个对应关系。Django 的路由系统作用是使 views 里面处理数据的函数与请求的 url 建立映射关系使请求到来之后，根据 urls. py 里的关系条目，去查找到与请求对应的处理方法，从而返回给客户端 http 页面数据。

（二）多个 App 的路由系统

1. 路由分发 include()

函数 include()允许引用其他 URLconfs。每当 Django 遇到 include() 时，它会截断与此项匹配的 URL 部分，并将剩余的字符串发送到 URLconf 以供进一步处理，理念是使其可以即插即用。include()函数使得 URLconfs 的机制更加符合 RESTful 思想，使得网站中不同应用都拥有自己的 URLconfs，进而使不同应用之间的继承关系相互独立，形成树状网页结构；同时解决的网页过多使单一的 URLconfs 过于臃肿的问题，进一步降低耦合，提高内聚。

函数原型如下：

```
include(module, namespace=None)
include(pattern_list)
include((pattern_list, app_namespace), namespace=None)
```

说明：

（1）module：URLconf 模块（或模块名称）。

（2）namespace (str)：包含的 URL 条目的实例命名空间。

（3）pattern_list：可迭代的 path()和/或 re_path()实例。

（4）app_namespace(str)：被包含的 URL 条目的应用命名空间。

2. 路由设置过程

定义项目 example 中有两个 App，名称分别是 clothing 和 user。

(1) 先设置项目的 url：

```
from django.contrib import admin
from django.urls import path,include
urlpatterns =[
    path('admin/', admin.site.urls),
    path('clothing/', include('apps.clothing.urls', namespace='clothing')),
    path('user/', include('apps.user.urls', namespace='user')),
]
```

(2) 在应用 user 下新建名为 urls. py 文件，设置子应用 user 的 url，假设视图函数 login 已写好：

```
from django.urls import path
from . import views
app_name = 'user'
urlpatterns =[
    path('login/', views.login, name='login'),
]
```

(3) 在应用 clothing 下新建名为 urls. py 的文件，设置子应用 clothing 的 url，同时假设视图函数 index 已写好：

```
from django.urls import path
from . import views
app_name = 'clothing'
urlpatterns =[
    path('index/', views.index, name='index'),
]
```

运行程序时需要在浏览器中加入 clothing 或者 user 之后再进行网页访问。

（三）路由系统格式

Django 2.0 版本以下路由系统的格式如下：

```
url(正则表达式,view 视图函数/视图类,参数)
```

url()函数可以传递 4 个参数，其中 2 个是必需的参数(regex、view)及 2 个可选的参数(kwargs、name)。

(1) regex：正则表达式的通用缩写，它是一种匹配字符串或 url 地址的语法。Django 根据用户请求的 url 地址，在 urls. py 文件中对 urlpatterns 列表中的每一项条目从头开始进行逐一对比，一旦遇到匹配项，立即执行该条目映射的视图函数或二级路由，其后的条目将不再继续匹配。因此，url 路由的编写顺序至关重要。

(2) view：当正则表达式匹配到某个条目时，自动将封装的 HttpRequest 对象作为第一个参数，正则表达式"捕获"到的值作为第二个参数，传递给该条目指定的视图。如果是简单捕获，那么捕获值将作为一个位置参数进行传递；如果是命名捕获，那么将作为关键字参数进行传递。

(3) kwargs：任意数量的关键字参数可以作为一个字典传递给目标视图。

(4) name：对 URL 进行命名，可以在 Django 的任意处，尤其是模板内显式地引用它。相当于给 URL 取了个全局变量名，只需要修改这个全局变量的值，在整个 Django 中引用它的地方也将同样获得改变。这是极为古老、朴素和有用的设计思想，而且这种思想无处不在。

例如：

```
urlpatterns=[
    url(r'^index/$', views.index),
]
```

URL 的规则如下。

(1) 使用字符串进行精确匹配。

(2) 使用正则表达式匹配，格式如下：

```
r'模式匹配字符串';
```

正则表达式中“^”表示字符串的开始，“$”表示字符串的结束。

Django 2.0 以上路由系统的格式：

```
re_path(正则表达式,view 视图函数/视图类,参数)
```

其具体参数与使用方法同 url 一样。

三、数据交互

Django 与 jQuery

Django 中使用 jQuery 的 Ajax 进行数据交互。jQuery 框架中提供了$.ajax、$.get、$.post 方法，用于进行异步交互，由于 Django 中默认使用 CSRF 约束，因此推荐使用$.get。

（一）什么是 Ajax

Ajax 是一种用于创建快速动态网页的技术。Ajax 不是一种新的编程语言，而是一种用于创建更好更快以及交互性更强的 Web 应用程序的技术。Ajax(Asynchronous JavaScript and XML，异步的 JavaScript 和 XML)，传统的网页(不使用 Ajax)如果需要更新内容，必须重载整个网页面。Ajax 最大的优点是在不重新加载整个页面的情况下，可以与服务器交换数据并更新部分网页内容。

（二）Ajax 的 get()方法

$.get() 方法通过 HTTP GET 请求从服务器上请求数据。语法格式如下：

```
$ .get(URL,callback)
```

或

```
$ .get( URL [, data ][, callback ][, dataType ])
```

说明：

(1) URL：必选项，规定需要请求的 URL，如果是方法需要使用“/方法名/”方式。

(2) data：可选项，发送给服务器的字符串或 key/value 键-值对。

(3) callback：可选项，请求成功后执行的回调函数。函数的基本形式如下：

```
function(data,status,xhr)
```

可选项，规定当请求成功时运行的函数。

其中，

① data：包含来自请求的结果数据。

② status：包含请求的状态("success""notmodified""error""timeout""parsererror")。

③ xhr：包含 XMLHttpRequest 对象。

(4) dataType：可选项,从服务器返回的数据类型。

(三) $.each()函数

$.each()是对数组,json 和 dom 结构等的遍历,基本形式如下：

```
$.each(data,function(index,value){ })
```

说明：data 为要处理的数据；回调函数 function 有两个参数,第一个参数表示遍历的数组的下标,第二个参数表示下标对应的值。

(四) JsonResponse

JsonResponse 是 HttpResponse 的子类,用来将对象转换成 json 字符串,然后将 json 字符串封装成 Response 对象返回给浏览器,它的 Content-Type 是 application/json。

该函数原型：

```
class JsonResponse (data, encoder= DjangoJSONEncoder, safe= True, json_dumps_
params= None,** kwargs)
```

第一个参数 data,需要是一个 dict 类型；第二个参数 encoder,默认是 django.core.serializers.json.DjangoJSONEncoder,被用来序列化 data；第三个参数 safe,布尔参数,默认是 True,如果被设置为 False,任何对象都能被插入进行序列化(否则只能传入 dict 实例)；第四个参数 json_dumps_params 是一个关键字字典,存放了将被传入 ** json.dumps() ** 中的参数,这个 dumps()函数在生成 response 响应时将被调用。

JsonResponse 专门用来生成 JSON 编码的响应,如果是字典格式可以直接使用；如果是非字典格式,使用 JsonResponse,需要添加 safe=False。

任务：实现省、市、区三联动

一、任务描述

借助素材中给定的省市区文档生成省、市、区数据表,并实现三联动。当选择相应的省份时,市下拉菜单中自动出现有关该省的各个市；当选择相应市时,区县下拉菜单中出现该市的各个区县,如图 8-2 所示。

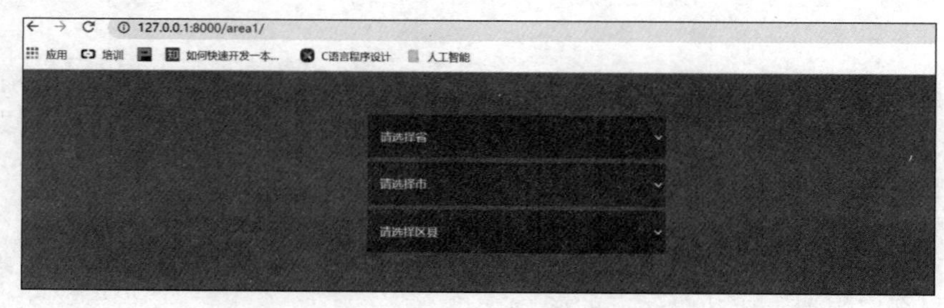

图 8-2　初始页面

选择相应的省份信息，如图 8-3 所示。

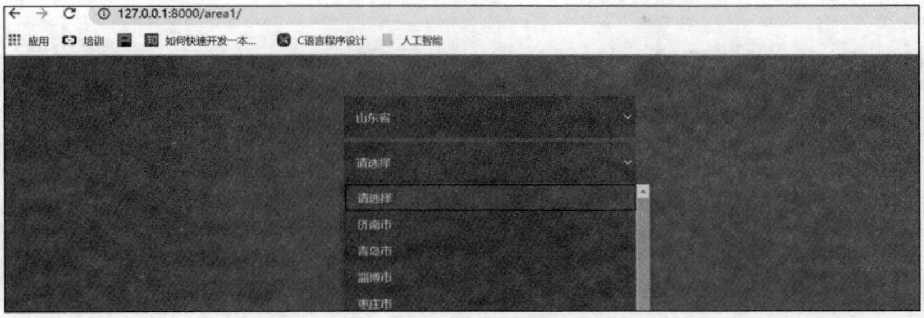

图 8-3　省份选择后页面

选择相应的区、县信息，如图 8-4 所示。

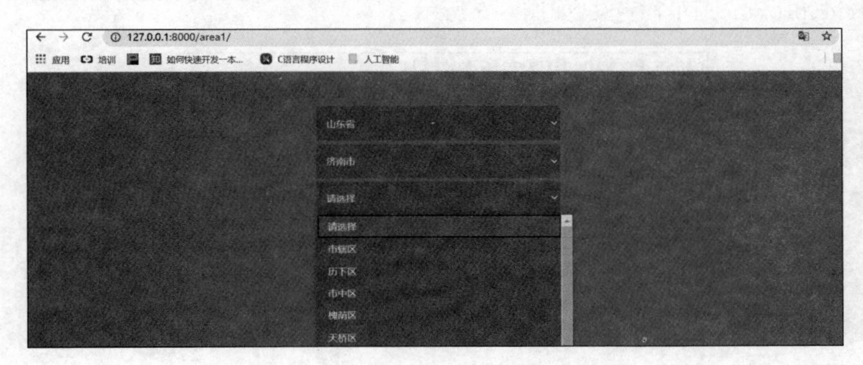
127.0.0.1:8000/area1/
应用
培训
如何快速开发一本...
C语言程序设计
人工智能
山东省
济南市
请选择
请选择
市辖区
历下区
市中区
槐荫区
天桥区

图 8-4　市选择后页面

二、任务实现流程

任务实现的具体流程如图 8-5 所示。

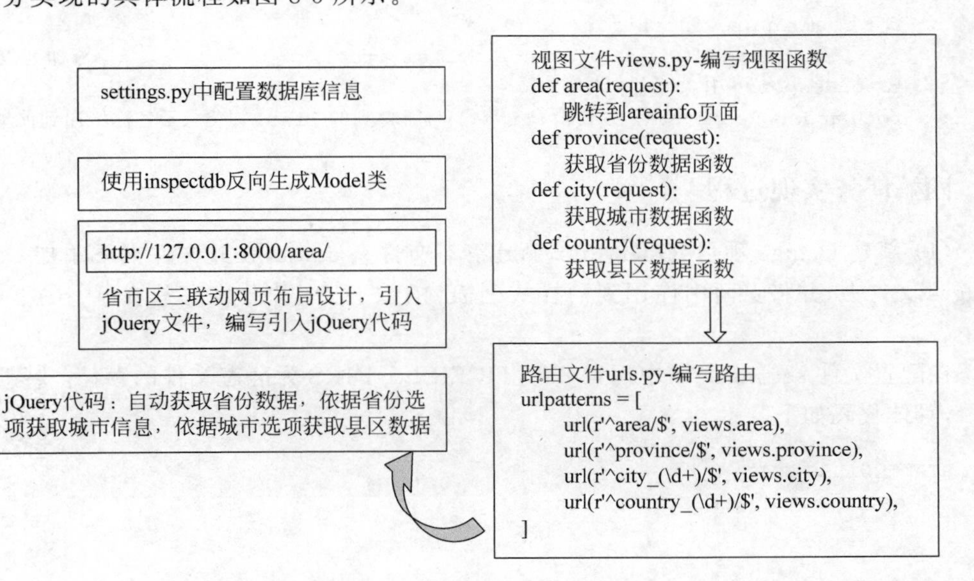
settings.py中配置数据库信息
使用inspectdb反向生成Model类
http://127.0.0.1:8000/area/
省市区三联动网页布局设计，引入jQuery文件，编写引入jQuery代码
jQuery代码：自动获取省份数据，依据省份选项获取城市信息，依据城市选项获取县区数据
视图文件views.py-编写视图函数
def area(request):
跳转到areainfo页面
def province(request):
获取省份数据函数
def city(request):
获取城市数据函数
def country(request):
获取县区数据函数
路由文件urls.py-编写路由
urlpatterns = [
url(r'^area/$', views.area),
url(r'^province/$', views.province),
url(r'^city_(\d+)/$', views.city),
url(r'^country_(\d+)/$', views.country),
]

图 8-5　任务实现流程

三、任务功能模块解析

（一）HttpResponse 与 JsonResponse 的区别

HttpResponse 与 JsonResponse 都是 Django 中后台给前台返回数据的方法，并且它们都遵守 http 协议。区别是，后台给前台返回数据时需要通过 JSON 格式的字符串进行传输，因为前后台都有对 JSON 格式字符串进行操作的方式。两者的区别就是 HttpResponse 需要用户自己对前后台进行序列化与反序列化；而 JsonResponse 则把序列化和反序列化封装起来，用户直接传入可序列化的字符串，在前台就能收到对应的数据。

（二）手动组装字典返回 json 方法

使用 Models 映射过来的 Provinces 类，其对应了数据库中的 provinces 数据表，该表含有 provinceid、province 两个字段，如图 8-6 所示。

```
class Provinces(models.Model):
    provinceid = models.CharField(max_length=20)
    province = models.CharField(max_length=50)

    class Meta:
        managed = False
        db_table = 'provinces'
```

图 8-6　映射的 Model 类

```
from django.http import JsonResponse, HttpResponse
from django.shortcuts import render
from HWapp.models import Provinces
def province(request):
    provinceList=Provinces.objects.raw('select * from provinces') #查询数据表全部
                                                                    信息
    list1=[]
    for item in provinceList:
        list1.append([item.provinceid,item.province])          #添加列表
    #JsonResponse 引入即可
    return JsonResponse({'data':list1}) #将得到的 list1 以 data 名称传递到前端中
```

四、任务实现过程

(1) 新建 Django 项目 jQueryinfo，新建静态文件夹 static，在此文件夹下添加 CSS、JS、images 文件夹，并将页面中使用到的样式列表、JS 文件、图片分别存放在 static 下的文件夹中。

在配置文件 settings. py 中配置 STATICFILES_DIRS 为静态文件的存储路径，具体代码如下：

省市区联动实现

```
STATICFILES_DIRS = [
    os.path.join(BASE_DIR, 'static')
]
```

(2) 创建 App-HWapp，同时在配置文件 settings. py 中添加 App，注释中间件以及设置

数据库基本信息。

(3) 连接数据库并实现数据库的反向映射。

jQueryinfo 下的 init_py 中添加如下代码：

```
import pymysql
pymysql.install_as_MySQLdb()
```

Terminal 中输入命令行实现数据库反向映射 Model 类：

```
python manage.py inspectdb >HWApp/models.py
```

此时可以打开 HWapp 下的 models. py 查看数据表(3 个数据表分别是 provinces、cities、areas)是否已经映射过来。

(4) 在 templates 下新建 areainfo. html，并设计登录界面的 CSS 样式，具体界面参考图 8-7。

图 8-7　参考效果图

主要的 html 代码参考如下：

```
<head>
    <link rel="stylesheet" href="../static/css/style1.css">
    <script src="../static/JS/jquery.min.JS"></script>
</head>
<div id="main">
    <select id="pro" class="box">
        <option value="">请选择省</option>
    </select>
    <select id="city" class="box">
        <option value="">请选择市</option>
    </select>
    <select id="country" class="box">
        <option value="">请选择区县</option>
    </select>
</div>
```

(5) 编写视图和路由函数。

```
def area(request):
    return render(request,'areainfo.html')
```

```
urlpatterns = [
    url(r'^area/$',views.area),
    #可以写成:path('area1/', views.area1),
]
```

(6)编写获取省份数据视图函数、路由以及 jQuery 代码。

① 视图函数:

```
def province(request):
    # Provinces 是 models 中映射过来的,引入即可
    provinceList=Provinces.objects.raw('select * from provinces')
    list1=[]
    for item in provinceList:
        list1.append([item.provinceid,item.province])
    return JsonResponse({'data':list1}) #data 数据传递到前端
```

② 路由函数:

```
urlpatterns = [
    url(r'^province/$ ',views.province),
    # 可以写成:path('province/', views.province),
]
```

③ 编写 jQuery 代码获取省份数据:

```
$(function () {
    //获取省份数据,该数据不需要触发, 使用"/方法名/"形式
    $.get('/province/',function (dic) {
        $.each(dic.data,function(index,item) {
            $('#pro').append('<option value='+item[0]+'>'+item[1]+'</option>');
        })
    })
```

(7)编写获取市数据视图函数、路由以及 jQuery 代码。

① 视图函数:

```
#获取城市信息
def city(request,pid):
    cityList=Cities.objects.filter(provinceid=pid).all()
    list1=[]
    for item in cityList:
        list1.append([item.cityid,item.city])
    return JsonResponse({'data':list1})
```

② 路由函数:

```
urlpatterns = [
    url(r'^city_(\d+)/$',views.city),
    #可以写成:re_path('city_(?P<pid>\d+)/', views.city),
]
```

③ 编写 jQuery 代码获取市数据：

```
//获取城市信息,省份改变影响市
$('#pro').change(function () {
    //获取选择省份的 value 值,通过这个值可以查询到这个地区的城市
    //测试是否得到 alert($ (this).val()),city_后面加参数
    $.get('/city_'+$ (this).val()+'/',function (dic) {
        //当再选择一个省份后原来的市没有消失,清空原有的
        $('#city').empty().append('<option>请选择</option>')
        $('#country').empty().append('<option>请选择</option>')
        $.each(dic.data,function (index,item) {
        $('#city').append('<option value='+item[0]+'>'+item[1]+'</option>');
    })
    })
})
```

(8) 编写获取县区数据视图函数、路由以及 jQuery 代码。

① 视图函数：

```
#获取县区信息
def country(request,cid):
    countryList=Areas.objects.filter(cityid=cid).all()
    list1=[]
    for item in countryList:
        list1.append([item.areaid,item.area])
    return JsonResponse({'data':list1})
```

② 路由函数：

```
urlpatterns = [
    url(r'^country_(\d+)/$',views.country),
    #可以写成:re_path('country_(?P<cid>\d+)/', views.country),
]
```

③ 编写 jQuery 代码获取县区数据：

```
//获取县区的信息,城市改变影响区县
$('#city').change(function () {
    $.get('/country_'+$(this).val()+'/',function (dic) {
        //清空原有的,当再选择一个市后原来的区县没有消失
        $('#country').empty().append('<option>请选择</option>')
        $.each(dic.data,function (index,item) {
        $('#country').append('<option value='+item[0]+'>'+item[1]+'</option>');
        })
    })
})
}) #最外层括号
```

任务评价

通过该任务的实现,检查自己是否掌握了以下技能,在表格中给出个人评价。

评价标准	个人评价
能够在 PyCharm 集成开发环境中,新建 Django 项目	
能够创建项目 App	
能够引入前端框架 jQuery,并了解其语法基础	
能够使用 inpectdb 命令反向生成 Model 模型	
能够利用 jQuery 数据交互实现数据的添加	
能够使用 JsonResponse 返回数据	
能够使用 re_path()函数实现参数传递	
能够编写 urls. py 实现路由设置	
能够启动项目	

注：A 表示完全能做到,B 表示基本能做到,C 表示部分能做到,D 表示基本做不到。根据自身情况填入上表中。

笔记整理

获取数据表中信息并添加列表传递到前端的基本过程代码

能力提升

运用给定的素材(china 数据表)实现省市区三联动。

延伸阅读

一、前端主流框架

(一) Angular JS

Angular JS 是一个由 Google 维护的开源前端 web 应用程序框架。它最初由 Brat Tech LLC 的 Misko Hevery 于 2009 年开发出来。Angular JS 是一个模型-视图-控制器(MVC)模式的框架,目的在于使 HTML 动态化。与其他框架相比,它可以快速生成代码,并且能非常轻松地测试程序独立的模块,其最大的优势是在修改代码后,它会立即刷新前端 UI,并能马上体现出来。

(二) React JS

React JS 不像是一个框架反而更像是一个库,但绝对值得一提。Angular JS 是一个 MVC 模式的框架,React JS 则是一个由 Facebook 开发的非 MVC 模式的框架。它允许用户创建一个可复用的 UI 组件,Facebook 和 Instagram 的用户界面就是用 React JS 开发的。

(三) Bootstrap 框架

Bootstrap 是美国 Twitter 公司的设计师 Mark Otto 和 Jacob Thornton 合作基于 HTML、CSS、JavaScript 开发的简洁、直观、强悍的前端开发框架,使得 Web 开发更加快捷。Bootstrap 提供了优雅的 HTML 和 CSS 规范,它由动态 CSS 语言 Less 写成。Bootstrap 一经推出后颇受欢迎,一直是 GitHub 上的热门开源项目,包括 NASA 的 MSNBC(微软全国广播公司)的 Breaking News 都使用了该项目。国内一些移动开发者较为熟悉的框架,如 WeX5 前端开源框架等,也是基于 Bootstrap 源码进行性能优化而来的。

(四) Foundation 框架

Foundation 是一个免费的前端框架,用于快速开发。Foundation 包含了 HTML 和 CSS 的设计模板,提供多种 Web 上的 UI 组件,如表单、按钮、Tabs 等,同时也提供了多种 JavaScript 插件。

(五) Vue. JS 框架

Vue. JS 是一套构建数据驱动的 Web 界面的渐进式框架,与其他重量级框架不同的是 Vue 采用自底向上增量开发的设计。Vue 的核心库只关注视图层,并且非常容易学习,非常容易与其他库或已有项目整合;另外,Vue 完全有能力驱动采用单文件组件和 Vue 生态系统支持的库开发的复杂单页应用。Vue. JS 的目标是通过尽可能简单的 API 实现响应的数据绑定和组合的视图组件。它提供了更加简洁、更易于理解的 API,使得用户能够快速上手并使用 Vue. JS。

二、爱拼才会赢

在 PyCharm 集成开发环境中借助于 Django 框架利用前端 jQuery 的数据交互实现网

页特效，只要你敢想就可以实现，爱拼才会赢。

Web 发展史上第一个要提到的是英国计算机科学家 Berners-Lee，他第一个提出基于互联网的超文本系统，是互联网的发明者。早在牛津大学主修物理时 Berners-Lee 就不断地思索，是否可以找到一个"点"，就好比人脑，能够透过神经传递、自主做出反应。经过艰苦的努力，他编制成功了第一个高效局部存取浏览器 Enquire，并把它应用于数据共享浏览等。

初战胜利大大激发了 Berners-Lee 的创造热情，小范围的计算机联网实现信息共享已不再是目标，Berners-Lee 把目标瞄向了建立一个全球范围的信息网上，以彻底打破信息存取的壁垒。1989 年 3 月，Berners-Lee 向 CERN 递交了一份立项建议书，建议采用超文本技术(Hypertext)把 CERN 内部的各个实验室连接起来，在系统建成后，将可能扩展到全世界。这个激动人心的建议在 CERN 引起轩然大波，但这里终究是核物理实验室而非计算机网络研究中心，虽有人支持但最后仍没有被通过。Berners-Lee 并没有灰心，他花了 2 个月重新修改了建议书，加入了对超文本开发步骤与应用前景的阐述，用词恳切，并再一次呈递上去；这回终于得到了 CERN 的批准。于是 Berners-Lee 得到了一笔经费，购买了一台 NEXT 计算机，并率领助手开发试验系统，最终经过不懈的努力完成了自己的理想。

项目九

结合 Bootstrap 实现功能(上)

需求分析

Django 是基于 Python 的一个 Web 开发框架,可以实现前端和后台间的数据连接。Bootstrap 是市面上比较火的开源前端框架,省去了后台程序员设计前端的麻烦,用于在 Web 应用程序中创建用户界面,它提供了 CSS、JS 和其他工具来帮助创建所需的界面。在 Django 中可以使用引导程序来创建更多用户友好的应用程序。本项目运用 Bootstrap 与 Django 相结合实现网页的分页效果。

学习目标

知识目标:

1. 掌握 Bootstrap 前端框架的使用;
2. 掌握 Django 中 Paginator 类的使用。

能力目标:

1. 能使用前端框架实现网页布局;
2. 能使用 Paginator 类实现网页分页;
3. 能实现分页的异常处理。

素质目标:

1. 培养学生综合运用知识实现网页布局的能力;
2. 培养学生自主学习的能力。

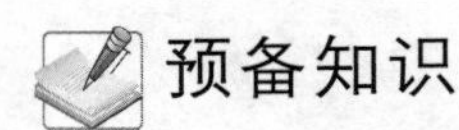

预备知识

一、Bootstrap 简介

(一) Bootstrap 包含内容

基本结构:Bootstrap 提供了一个带有网格系统、链接样式、背景的基本结构。

Bootstrap 自带以下特性:全局的 CSS 设置、定义基本的 HTML 元素样式、可扩展的 class,以及一个先进的网格系统。

组件:Bootstrap 包含了十几个可重用的组件,用于创建图像、下拉菜单、导航、警告框、弹出框等。

JavaScript 插件:Bootstrap 包含了十几个自定义的 jQuery 插件,可以直接包含所有的插件,也可以逐个包含这些插件。

（二）Bootstrap 支持的组件

Bootstrap 中包含了丰富的 Web 组件，根据这些组件，可以快速搭建一个漂亮、功能完备的网站，其中包括以下组件：下拉菜单、按钮组、按钮下拉菜单、导航、导航条、路径导航、分页、排版、缩略图、警告对话框、进度条、媒体对象等。

二、Bootstrap 的引用

（一）下载 Bootstrap

进入 bootcss. Bootstrap 中文爱好者网站下载 Bootstrap 源码，如图 9-1 所示。

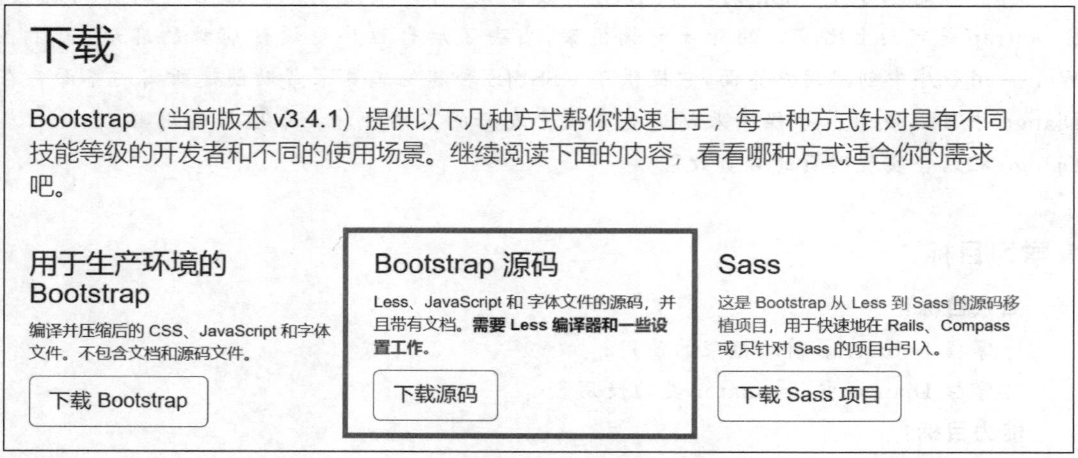

下载

Bootstrap（当前版本 v3.4.1）提供以下几种方式帮你快速上手，每一种方式针对具有不同技能等级的开发者和不同的使用场景。继续阅读下面的内容，看看哪种方式适合你的需求吧。

用于生产环境的 Bootstrap

编译并压缩后的 CSS、JavaScript 和字体文件。不包含文档和源码文件。

下载 Bootstrap

Bootstrap 源码

Less、JavaScript 和 字体文件的源码，并且带有文档。**需要 Less 编译器和一些设置工作。**

下载源码

Sass

这是 Bootstrap 从 Less 到 Sass 的源码移植项目，用于快速地在 Rails、Compass 或只针对 Sass 的项目中引入。

下载 Sass 项目

图 9-1　下载示意图

dist 是 Bootstrap 的核心文件，目录结构如图 9-2 所示。

（二）在 Django 中载入 Bootstrap

在 Django 根目录下创建 static 文件夹，将前面提到的 dist 目录下的 CSS、fonts、JS 3 个文件夹复制过去，最终目录结构如图 9-3 所示。

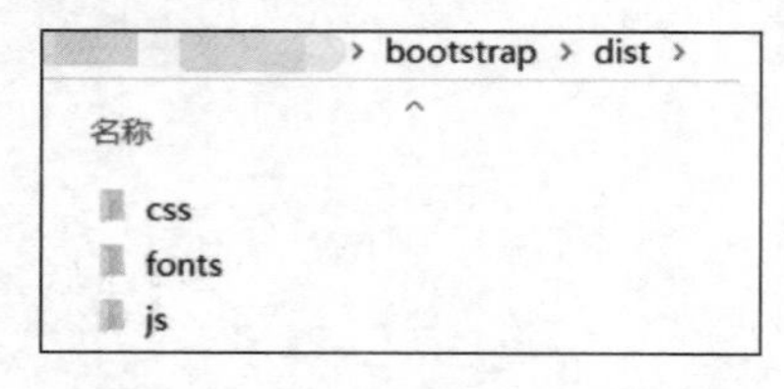

图 9-2　dist 下的核心文件

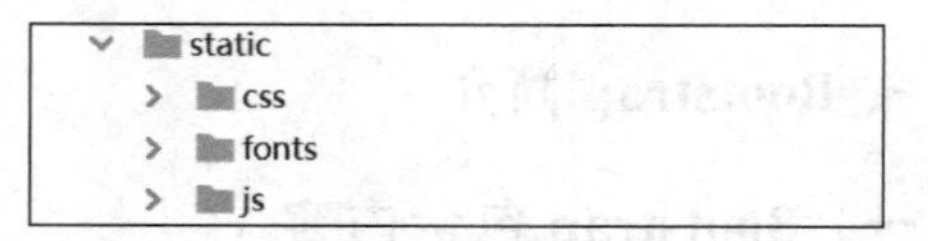

图 9-3　目录结构

进入 settings. py 在末尾添加如下代码：

```
STATICFILES_DIRS = [
    os.path.join(BASE_DIR, 'static')
]
```

三、Bootstrap 的使用

(一) 栅格系统

Django 与 Bootstrap

1. 栅格系统含义

Bootstrap 提供了一套响应式、移动设备优先的流式栅格系统，随着屏幕或视口(viewport)尺寸的增加，系统会自动分为最多 12 列。它包含了易于使用的预定义类，还有强大的 mixin 用于生成更具语义的布局，表 9-1 描述了栅格系统。

表 9-1 栅格系统多屏幕工作

分类 属性	超小屏幕 手机(<768px)	小屏幕 平板(≥768px)	中等屏幕 桌面显示器(≥992px)	大屏幕 大桌面显示器(≥1200px)
栅格系统行为	总是水平排列	开始是堆叠在一起的，当大于这些阈值时将变为水平排列		
.container 最大宽度	None (自动)	750px	970px	1170px
类前缀	.col-xs-	.col-sm-	.col-md-	.col-lg-
列(column)数	12			

栅格系统用于通过一系列的行(row)与列(column)的组合来创建页面布局，内容就可以放入这些创建好的布局中。Bootstrap 栅格系统的工作原理如下。

(1) "行(row)"必须包含在 .container (固定宽度)或 .container-fluid (100% 宽度)中，以便为其赋予合适的排列(aligment)和内补(padding)。

(2) 通过"行(row)"在水平方向创建一组"列(column)"。

(3) 内容应当放置于"列(column)"内，并且只有"列(column)"可以作为行(row)"的直接子元素，类似 .row 和 .col-xs-4 这种预定义的类，可以用来快速创建栅格布局。

2. 栅格系统的使用

(1) 在 templates 中新建 demo1. html，并将 CSS 引入：

```
<link rel="stylesheet" href="../static/css/bootstrap.css">
```

(2) 编写 html，参考如下：

```
<div class="container">
    <h1>hello world!</h1>
    <div class="row">
        <div class="col-md-6">
            <p>Lorem ipsum dolor sit amet, consectetur adipisicing elit, sed do
            eiusmod tempor incididunt ut labore et dolore magna aliqua.Ut
            enim ad minim veniam, quis nostrud exercitation ullamco laboris
            nisi ut aliquip ex ea commodo consequat.
            </p>
            <p>Sed ut perspiciatis unde omnis iste natus error sit voluptatem
            accusantium doloremque laudantium, totam rem aperiam, eaque ipsa
            quae ab illo inventore veritatis et quasi architecto beatae vitae
            dicta sunt explicabo.
            </p>
```

```
        </div>
        <div class="col-md-6">
            <p>Sed ut perspiciatis unde omnis iste natus error sit voluptatem
            accusantium doloremque laudantium.
            </p>
            <p> Neque porro quisquam est, qui dolorem ipsum quia dolor sit amet,
            consectetur, adipisci velit, sed quia non numquam eius modi
            tempora incidunt ut labore et dolore magnam aliquam quaerat
            voluptatem.
            </p>
        </div>
    </div>
</div>
```

(3) 将 demo1. html 在浏览器中打开,调节屏幕宽度可以看到栅格效果。

全屏时显示如图 9-4 所示。

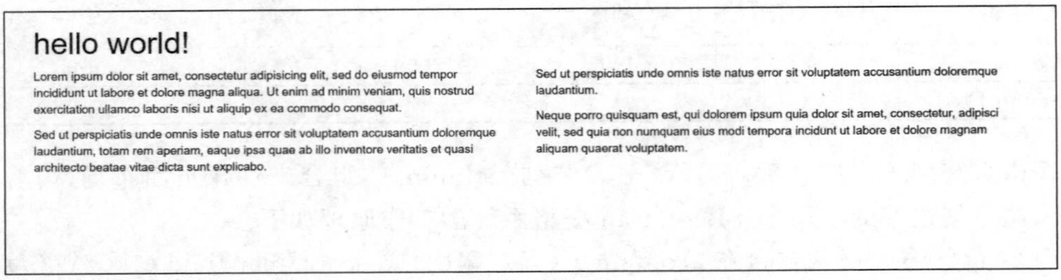

图 9-4　全屏显示

缩小屏幕显示如图 9-5 所示。

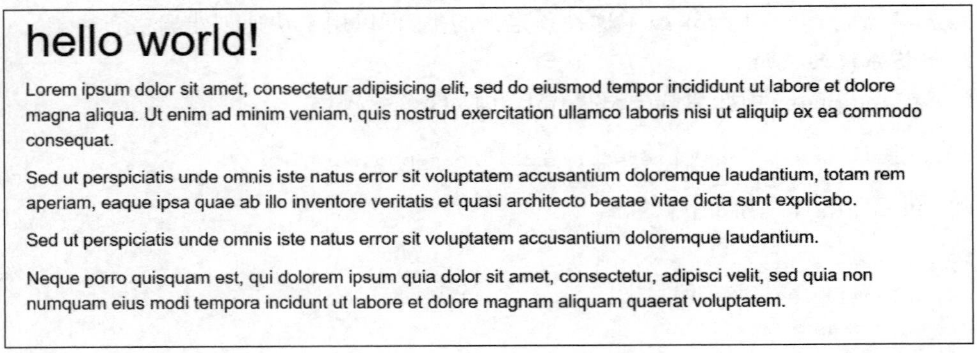

图 9-5　缩小屏幕显示结果

(二) 表格

1. 表格概述

Bootstrap 提供了一个清晰的创建表格的布局,为任意< table >标签添加 . table 类可以为其赋予基本的样式：少量的内补(padding)和水平方向的分隔线；通过 . table-striped 类可以给< tbody >之内的每一行增加斑马条纹样式；添加 . table-bordered 类为表格和其中的每个单元格增加边框；通过添加. table-hover 类可以让< tbody >中的每一行对鼠标悬停状

态作出响应；通过添加 .table-condensed 类可以让表格更加紧凑，单元格中的内补(padding)均会减半。

2. 表格的使用

(1) 在 templates 中新建 demo1. html，并将 CSS 引入：

```
<link rel="stylesheet" href="../static/css/bootstrap.css">
```

(2) 编写 html，参考如下：

```
<table class="table table-striped table-bordered table-hover">
    <thead>
    <tr>
        <th>编号</th>
        <th>城市</th>
        <th>pid</th>
    </tr>
    </thead>
    <tbody>
    <tr>
        <td>Tanmay</td>
        <td>Bangalore</td>
        <td>001</td>
    </tr>
    <tr>
        <td>Tanmay</td>
        <td>Bangalore</td>
        <td>001</td>
    </tr>
    <tr>
        <td>Tanmay</td>
        <td>Bangalore</td>
        <td>001</td>
    </tr>
    </tbody>
</table>
```

(3) 在浏览器中打开，可以看到效果，如图 9-6 所示。

编号	城市	pid
Tanmay	Bangalore	001
Tanmay	Bangalore	001
Tanmay	Bangalore	001

图 9-6　表格效果图

(三) 分页

1. 分页概述

分页(Pagination)是一种无序列表，Bootstrap 像处理其他界面元素一样处理分页。添加. pagination 用来在页面上显示分页；添加. disabled 用来定义不可单击的链接；添加. active 用来指示当前的页面；添加. pagination-lg、. pagination-sm 用来获取不同大小的项。

2. 分页的使用

(1) 在上述 demo1. html 中编写 html,参考以下代码:

```
<ul class="pagination pagination-lg">
    <li><a href="#">&laquo;</a></li>
    <li><a href="#">1</a></li>
    <li><a href="#">2</a></li>
    <li><a href="#">3</a></li>
    <li><a href="#">4</a></li>
    <li><a href="#">5</a></li>
    <li><a href="#">6</a></li>
    <li><a href="#">&raquo;</a></li>
</ul>
<ul class="pagination">
    <li><a href="#">&laquo;</a></li>
    <li class="active"><a href="#">1</a></li>
    <li><a href="#">2</a></li>
    <li><a href="#">3</a></li>
    <li><a href="#">4</a></li>
    <li><a href="#">5</a></li>
    <li><a href="#">6</a></li>
    <li><a href="#">&raquo;</a></li>
</ul>
<ul class="pagination pagination-sm">
    <li><a href="#">&laquo;</a></li>
    <li><a href="#">1</a></li>
    <li><a href="#">2</a></li>
    <li><a href="#">3</a></li>
    <li><a href="#">4</a></li>
    <li><a href="#">5</a></li>
    <li><a href="#">6</a></li>
    <li><a href="#">&raquo;</a></li>
</ul>
```

(2) 在浏览器中打开,可以看到不同的分页效果,如图 9-7 所示。

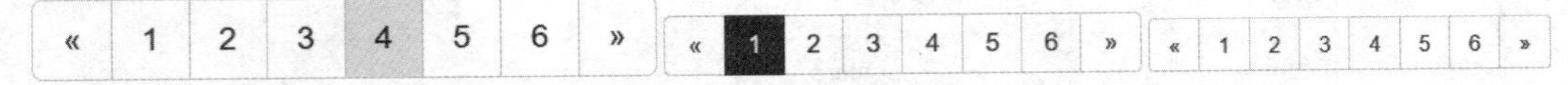

图 9-7　不同分页效果

四、异常处理

(一) 异常处理基本形式

Python 中,用 try except 语句块捕获并处理异常,其基本语法结构如下:

```
try:
    可能产生异常的代码块
except [ (Error1, Error2, ...) [as e] ]:
    处理异常的代码块 1
except [ (Error3, Error4, ...) [as e] ]:
```

```
    处理异常的代码块 2
except [Exception]:
    处理其他异常
```

说明：

(1) []：括起来的部分可以使用，也可以省略。

(2) (Error1,Error2,...)、(Error3,Error4,...)：其中 Error1、Error2、Error3 和 Error4 都是具体的异常类型，一个 except 块可以同时处理多种异常，常见的异常类如表 9-2 所示。

表 9-2 常用的异常类型

异 常 类	含 义
AttributeError	对象属性错误
BaseException	所有异常的基类
Exception	常规错误基类
ImportError	导入模块/对象失败
IndentationError	缩进错误
IndexError	索引错误
IOError	输入/输出操作失败
NameError	对象命名错误
SyntaxError	语法错误
TypeError	类型无效错误
ValueError	无效的参数
ZeroDivisionError	除(或取模)零

(3) [as e]：作为可选参数，表示给异常类型起一个别名 e，这样做的好处是方便在 except 块中调用异常类型。

(4) [Exception]：作为可选参数，可以代指程序可能发生的所有异常情况，其通常用在最后一个 except 块。

(二) 程序举例

```
n1 = float(input('enter a number: '))
n2 = float(input('enter a number: '))
try:
    result = n1 / n2                    #除数为 0 时会引发异常
except ZeroDivisionError as ex:         #处理被 0 除异常
    print(ex)
```

五、锚元素传递参数

在 Django 中前端从后端取得值，渲染在页面上后，单击元素时需要将值传回给后端，可借助 a 标签在路径上加上参数，利用链接跳转到后端执行，同时向后台传递参数，具体用法可以参考如下。

1. 单个参数传递：参数名称前加上"?"

```
<a href="?flag=1" >我的文件</a>
```

说明：加粗标注为向后台传递的参数 flag；"我的文件"为提供的单击链接。

注意：

(1) "?"后面直接跟所传参数名，不要加上空格等其他字符，否则空格、其他字符会被认为是一个整体的名字；

(2) 参数名和相应值与"="之间不能有空格，否则会被认为空格和参数名是一个整体。

2. 多个参数传递：参数与参数之间使用连接符"&"

```
<a href="?name=admin&pwd=123" >我的文件</a>
```

说明：加粗标注为向后台传递的参数 name 和 pwd；"我的文件"为提供的单击链接。

注意：与"?"的注意点相同不能加空格，否则也会认为是一个整体。

学习要点

一、知识一览图

实现本项目需要的知识如图 9-8 所示。

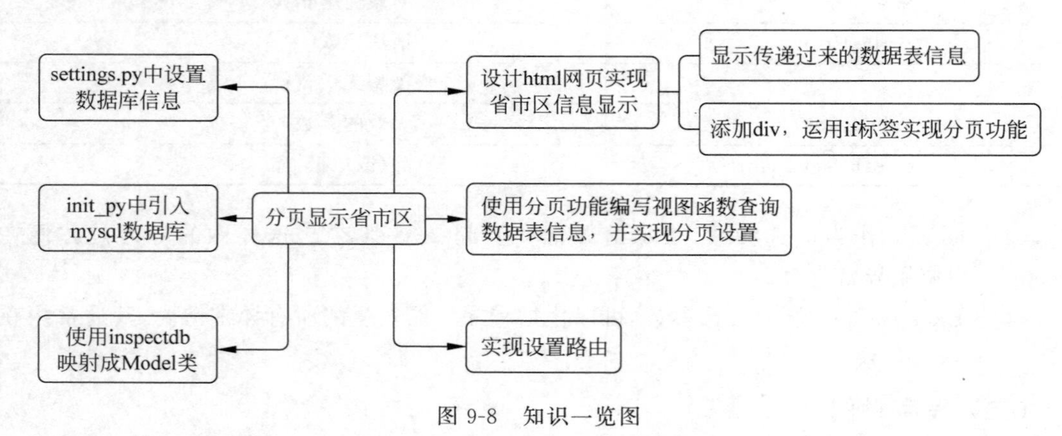

图 9-8 知识一览图

二、Django 的分页功能

Django 为开发者提供了内置模块 Paginator 类用以实现分页效果。它的使用场景处处可见，比如网络购物时，显示下一页的商品，或者是用数字 1、2、3 等标注的页码，都属于分页的设计。

（一）Paginator 类

Django 分页模块

Paginator 称为分页器，实际上它也是一个 Python 类，要使用它的时候我们可以用如下方式进行引入：

```
from django.core.paginator import Paginator
```

该类被定义在 django. core. paginator 模块中，它的构造函数如下：

```
class Paginator:
    def __init__(self, object_list, per_page, orphans,allow_empty_first_page)
```

说明：

（1）object_list：对象列表，即查询到的数据。

（2）per_page：每一页展示的内容，即每页的数据条数。

（3）orphans：为避免最后一页数据过少时设置，若最后一页的数据小于这个值，会合并到上一页，默认是 0，可省略。

（4）allow_empty_first_page：允许首页为空，默认为 True。

Django 中的 Paginator 类对结果集进行分页，Paginator 类对象的属性如表 9-3 所示。

表 9-3　Paginator 类对象属性

属　性　名	说　　明
num_pages	返回总页数
page_range	返回总页数索引范围
per_page	每页显示条数
count	数据总数
page	page 对象

Paginator 分页器对象只有一个方法，也就是 page。它接收一个必填参数即页码号，返回一个当前页对象，若不提供将返回一个 TypeError 错误，具体如表 9-4 所示。

表 9-4　page 对象

方　法　名	说　　明
page(self,number)	返回第 number 页的 Page 类实例对象

（二）Page 类对象

Page()方法通过传递页码编号（从 1 开始）得到的相应页的页面对象即 Page 类对象，这个对象也有其相应的属性，如表 9-5 所示。

表 9-5　Page 类对象属性

属　性　名	说　　明
number	返回当前页的页码
object_list	返回包含当前页的数据的查询集
paginator	返回对应的 Paginator 类对象

Page 类对象的方法如表 9-6 所示。

表 9-6　Page 类对象方法

方　法　名	说　　明
has_next	判断当前页是否有下一页
has_previous	判断当前页是否有前一页

续表

方 法 名	说 明
previous_page_number	返回前一页的页码
next_page_number	返回下一页的页码

注意：Page 对象是可迭代对象，可以用 for 语句来访问当前页面中的每个对象。

任务：实现分页显示省、市、区信息

一、任务描述

运用给定的素材生成数据表 China，运用 Bootstrap 以及分页功能实现如图 9-9 所示的分页效果。

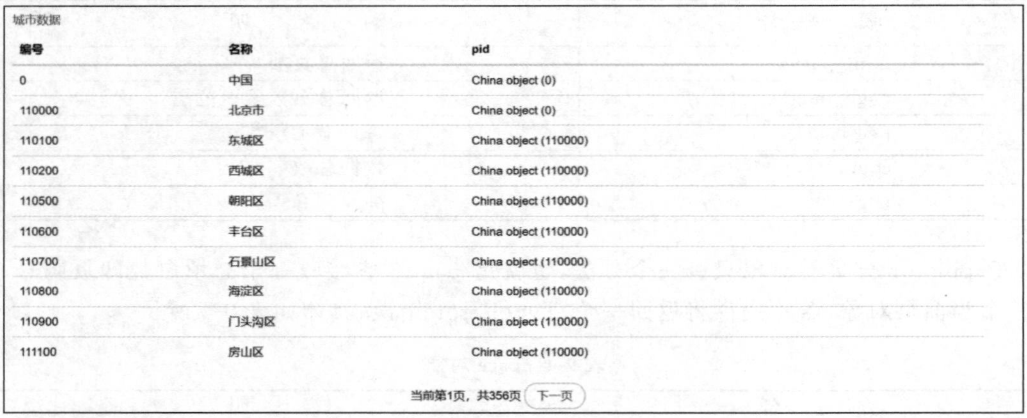

城市数据

编号	名称	pid
0	中国	China object (0)
110000	北京市	China object (0)
110100	东城区	China object (110000)
110200	西城区	China object (110000)
110500	朝阳区	China object (110000)
110600	丰台区	China object (110000)
110700	石景山区	China object (110000)
110800	海淀区	China object (110000)
110900	门头沟区	China object (110000)
111100	房山区	China object (110000)

当前第1页，共356页 下一页

图 9-9 分页效果 1

单击“下一页”按钮后出现如图 9-10 所示效果。

城市数据

编号	名称	pid
130531	广宗县	China object (130500)
130532	平乡县	China object (130500)
130533	威县	China object (130500)
130534	清河县	China object (130500)
130535	临西县	China object (130500)
130581	南宫市	China object (130500)
130582	沙河市	China object (130500)
130600	保定市	China object (130000)
130601	新市区	China object (130600)
130603	北市区	China object (130600)

上一页 当前第13页，共356页 下一页

图 9-10 分页效果 2

二、任务实现流程

任务实现的具体流程如图 9-11 所示。

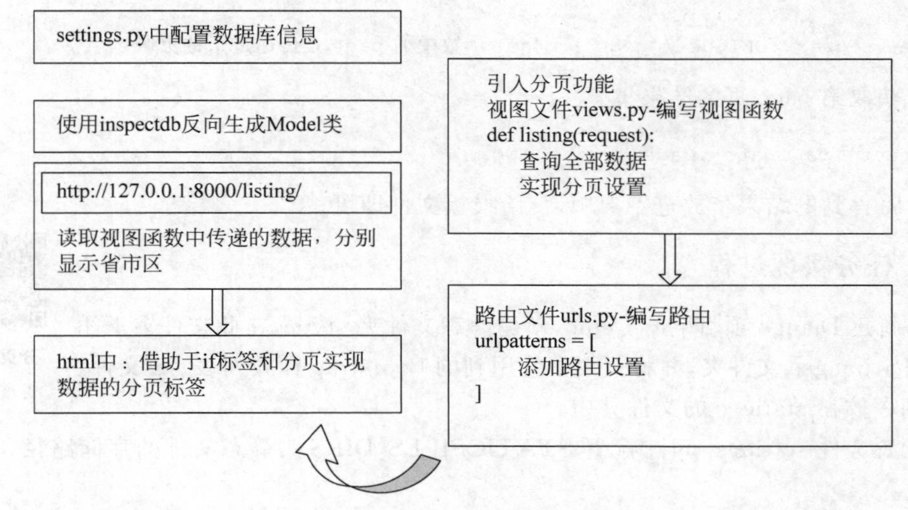

图 9-11　任务实现流程

三、任务功能模块解析

（一）Paginator 的异常处理模块

Paginator 的异常处理模块有以下三类。

（1）InvalidPage：当向 page()传入一个无效的页码时抛出。

（2）PageNotAnInteger：当向 page()传入一个不是整数的值时抛出。

（3）EmptyPage：当向 page()提供一个有效值，但是那个页面上没有任何对象时抛出，即当前页面数据为空。

Django 分页的实现过程

可以使用如下方式引入，在代码中需要的时候主动抛出异常：

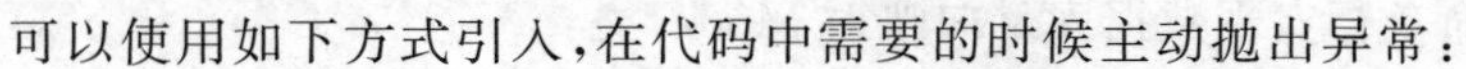

```
from django.core.paginator import Paginator, PageNotAnInteger, EmptyPage, InvalidPage
```

（二）分页的实现过程

（1）先导入 Paginator 类。

```
#导入 Paginator
from django.core.paginator import Paginator
```

（2）用 Paginator 类将结果集进行分页。

```
#对数据进行分页 Paginator(query, i) query:列表或结果集，i: 每页显示的数据是多少
#创建一个 Paginator 实例对象
paginator = Paginator(query, i)
```

（3）使用 request. GET. get()函数获取 url 中的 page 参数的数值。

基本形式：

```
page= request.GET.get('前端页面参数名','空或者默认值')
```

例如：

```
page= request.GET.get('page')   #get 函数中的 page 是传递过来的页码
```

（4）获取第 page 页的结果集。

```
content = paginator.page(page)
```

（5）将得到的结果集放进字典中，传给模板文件即可。

四、任务实现过程

分页显示省市区

（1）新建 Django 项目 pageDemo，新建静态文件夹 static，在此文件夹下添加 CSS、JS、images 文件夹，并将页面中使用到的 Bootstrap 样式列表、JS 文件、图片分别存放在 static 下的文件夹中。

在配置文件 settings. py 中配置 STATICFILES_DIRS 为静态文件的存储路径，具体代码如下：

```
STATICFILES_DIRS = [
    os.path.join(BASE_DIR, 'static')
]
```

（2）创建 App-HWapp，同时在配置文件 settings. py 中添加 App，注释中间件以及设置数据库基本信息（连接数据库是 areainfo）。

（3）连接数据库并实现数据库的反向映射。

① pageDemo 下的 init_py 中添加如下代码：

```
import pymysql
pymysql.install_as_MySQLdb()
```

② Terminal 中输入命令行实现数据库反向映射 Model 类：

```
python manage.py inspectdb >HWApp/models.py
```

此时可以打开 HWapp 下的 models. py 查看数据表是否已经映射过来。

（4）在 templates 下新建 test1. html，以表格形式展示数据信息，参考页面如图 9-12 所示。

城市数据		
编号	**名称**	**pid**

图 9-12　表格效果图

主要的 html 代码参考如下：

```
<div class="container">
    <table class="table">
```

```
        <caption>城市数据</caption>
        <thead>
        <tr>
            <th>编号</th>
            <th>名称</th>
            <th>pid</th>
        </tr>
        </thead>
        <tbody>
        #这里是读取传递过来的数据,使用 for 标签遍历
        {% for item in cont %} #cont 是视图函数中传递过来的数据信息
        <tr>
            <td>{{item.id}}</td>
            <td>{{item.name}}</td>
            <td>{{item.pid}}</td>
        </tr>
        {% endfor %}
        </tbody>
    </table>
```

(5) 编写视图函数。

```
#引入 Paginator 类,异常类 PageNotAnInteger、EmptyPage
from django.core.paginator import Paginator, PageNotAnInteger, EmptyPage
def listing(request):
    con_list = China.objects.all()
    #Paginator 参数含义:数据源,每页数量
    paginator = Paginator(con_list, 10)
    #page 传递过来的页码
    page = request.GET.get('page')          #page 是前端传递过来的页码
    try:
        cont = paginator.page(page)         #接收一个页码作参数,返回当前页码
    except PageNotAnInteger:                #页面不是整数
        cont = paginator.page(1)
    except EmptyPage:                       #空页码
        cont = paginator.page(paginator.num_pages)
    return render(request, 'test1.html', {'cont': cont}) # 'cont'是传递到前端的数据
```

(6) 编写路由函数。

```
urlpatterns = [
    path('listing/', views.listing),
]
```

(7) 补充 test1.html 网页中显示页码以及判断是否有上、下页代码。

```
<div>
    <ul class="pager">
        {% if cont.has_previous %}
        <li><a href="?page={{ cont.previous_page_number }}">上一页</a></li>
        {% endif %}
        <span>
```

```
            当前第{{ cont.number }}页,共{{ cont.paginator.num_pages }}页
        </span>
        {% if cont.has_next %}
        <li><a href="?page={{ cont.next_page_number }}">下一页</a></li>
        {% endif %}
    </ul>
</div>
</div> # class="container"的 div 结束
```

任务评价

通过该任务的实现,检查自己是否掌握了以下技能,在表格中给出个人评价。

评 价 标 准	个 人 评 价
能够在 PyCharm 集成开发环境中,新建 Django 项目	
能够创建项目 App	
能够引入前端框架 Bootstrap,并了解其组件等内容	
能够使用 inpectdb 命令反向生成 Model 模型	
能够利用 Bootstrap 中的 ul 标签实现分页	
能够使用 Django 中的 Paginator 类实现分页	
能够使用异常处理处理异常情况发生	
能够编写 urls. py 实现路由设置	
能够启动项目	

注:A 表示完全能做到,B 表示基本能做到,C 表示部分能做到,D 表示基本做不到。根据个人情况填入上表中。

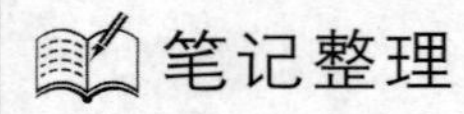

笔记整理

获取数据表中信息并添加列表传递到前端的基本过程代码

能力提升

实现学生数据表的分页显示。

延伸阅读

合作是人类主宰地球的核心因素

根据智力的大多数定义，人类在大约 1 万年前就已经成为世界上最聪明的动物，也是工具制作的冠军，但人类却仍然只是一种不重要的生物，对周围的生态系统也没有什么影响力。显然，除了智力和制作工具之外，还有某种关键因素。这种关键的因素就是，人类具有了能够进行灵活的合作的能力。

但如果人类还没学会如何大规模而灵活地合作，大脑再聪明、手脚再灵活，到现在也仍然是在敲燧石，而不是撞击铀原子。智力对于人类统治地球很重要，但是如果像大象、黑猩猩等有社交能力的哺乳动物先于人类具有了灵活的合作的能力，那么今天统治地球的可能就是它们。之所以没有，是因为它们之间的合作以彼此认识为基础，它们的朋友与家人的数量都太少，而只有智人才能够与无数陌生个体进行非常灵活的合作。

人类从用石矛头的长矛来猎杀猛犸象，进化到制造宇宙飞船来探索宇宙，并不是因为人的双手变得更灵活了，也不是因为人的头脑变得更大了；我们征服世界的关键因素，其实在于让许多人团结起来的能力。如今人类主宰地球，并不是单个人比黑猩猩或狼有多聪明，而是地球上只有智人这种生物才能够大规模而灵活地合作。

俗话说：一个篱笆三个桩，一个好汉三个帮。团结互助是中华民族的传统美德，历史经验也一再证明：有没有团结互助的道德风尚，是判断一个群体是否健康，一个社会是否和谐的重要标志之一。个人要成就事业需要团结；集体要在竞争中获胜也需要团结；一个国家要繁荣富强更需要团结！同心山成玉，协力土变金。开创未来，需要一种克难攻坚的精神，更需要一股团结协作的合力。

结合 Bootstrap 实现功能(下)

需求分析

Django 内置了很多标签,但是为了给 Web 开发者提供更好的使用体验,Django 也提供自定义标签的功能。当内置标签满足不了实际业务的需求时,我们就可以通过自定义的方式去实现,在本项目中使用自定义标签实现另一种效果的分页。

学习目标

知识目标:

1. 掌握自定义标签的使用;
2. 掌握 Django 中 Paginator 类的使用。

能力目标:

能使用自定义标签实现分页功能。

素质目标:

1. 培养学生综合运用知识实现网页布局的能力;
2. 培养学生创新的能力。

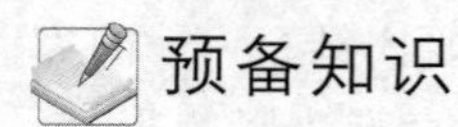

一、Python 的 getattr()函数

getattr()函数用于返回一个对象属性值。getattr 函数的基本语法如下:

```
getattr(object, name[, default])
```

说明:object 表示对象;name 表示字符串,对象属性;default 表示默认返回值,如果不提供该参数,在没有对应属性时,将触发 AttributeError。

获取 object 对象的属性的值,如果存在则返回属性值,如果不存在则分为以下两种情况。

(1) 没有 default 参数时,会直接报错。

(2) 给定了 default 参数,若对象本身没有 name 属性,则会返回给定的 default 值。

例如:

```
class A(object):
...   bar = 1
...
a = A()
```

```
getattr(a, 'bar')          #获取属性 bar 值,其值为 1
getattr(a, 'bar2')         #属性 bar2 不存在,触发异常
getattr(a, 'bar2', 3)      #属性 bar2 不存在,但设置了默认值 3
```

二、Django 模板过滤器

过滤器从字面的意思上可以理解为:过滤掉不需要的,剩下我们需要的。Django 的模板语言同样也内置了过滤器,实现对获取到的数据进行二次加工。

(一) 过滤器语法格式

过滤器作用是在变量输出时,对输出的变量值做进一步的处理。过滤器跟模板标签一样,也是在模板中对函数进行调用。比如对输出的日期进行格式化处理,或者转换大小写字母等,这些都有对应的过滤器去处理它们。过滤器的语法格式如下:

```
{{ 变量 | 过滤器 1:参数值 1 | 过滤器 2:参数值 2 ...}}
```

从语法格式可以得知,过滤器使用"|"管道符进行变量与过滤器之间的连接,过滤器可以通过组合多个过滤器实现链式调用,目前过滤器最多接收一个参数。经常使用的过滤器如表 10-1 所示。

表 10-1 常见的模板过滤器

过滤器名称	使用说明
length	获取变量的长度,适用于字符串和列表
lower/upper	转换字符串为小写/大写形式
first/last	获取变量的首个/末尾元素
add: 'n'	给变量值增加 n
safe	默认不对变量内的字符串进行 html 转义
cut	从给定的字符串中删除指定的值
dictsort	获取字典列表,并返回按参数中给定键排序的列表
join	用字符串连接列表,例如 Python 的 str.join(list)
truncatewords	如果字符串字符多于指定的字符数量,那么会被截断。截断的字符串将以可翻译的省略号序列(...)结尾

(二) 过滤器的实际应用

可以把过滤器理解成一个 Python 函数,当过滤器接收参数后对它进行处理,最终将处理结果返回到模板中,这就是整个过滤器的实现流程。

1. 获取变量的长度

```
<p>hello:{{world|length}}</p>
```

模板变量 world 使用管道符"|"连接 length 过滤器,最终得到变量对应值的长度为 3。world 变量的值也可以是列表或者字典,是列表将返回列表长度,是字典将返回字典 key 的个数,如若没有定义变量则返回 0。

2. truncatewords 截取指定个数的词

在一定数量的单词后截断字符串，语法格式如下：

```
{{ value|truncatewords:2 }}
```

 学习要点

一、知识一览图

实现本项目需要的知识如图 10-1 所示。

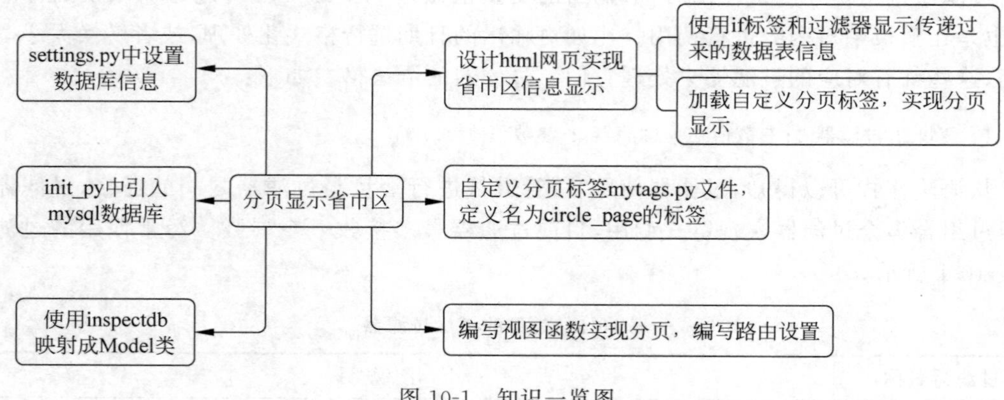

图 10-1 知识一览图

二、自定义过滤器

实现自定义过滤器的基本过程如下。

（一）创建 register 变量

在模块文件中，首先创建一个全局 register 变量，用来注册自定义标签和过滤器，在 Python 文件的开始处，插入以下代码：

```
from django import template
register = template.Library()
```

（二）定义过滤器函数

自定义的过滤器就是一个带两个参数的 Python 函数，一个参数放变量值，一个用来放选项值。

例如：

```
{{var|remove: "bar"}},
```

其中，var 是变量值；"bar"是选项值；remove 过滤器可以定义为

```
def remove(var, arg):                #移除字符串中 var 的 arg 字串
    return var.replace(arg, '')
```

过滤器函数应该总是返回一些信息，即使出错，也不应该抛出异常，可以返回默认值或

者空字符串,不带参数的过滤器也很常见:

```
def lower(value):
    return value.lower()
```

(三)注册过滤器函数

1. 注册

在 mytags.py 文件中创建一个 hello_my_filter 过滤器,并使用@register.filter 对此过滤器进行注册,代码如下:

```
@ register.filter(hello_my_filter)          #括号的内容里也可以不写
def hello_my_filter(value):
    return value.replace('django','Python')
```

2. 测试自定义过滤器

```
{% load mytags %}                           #首先加载自定义文件
<h1>:{{ Web|hello_my_filter }}</h1>
```

自定义过滤器实现了字符串的替换功能,将原来的 django 替换为了 Python。同样在 mytags.py 文件中定义 sorted_filter 过滤器,在自定义过滤器中同样也可以使用 name 属性:

```
@register.filter(name='prefix')             #使用 name 参数指定别名
def sorted_filter(value):
    return sorted(value)
```

测试:

```
{% load mytags %}                           #首先加载自定义文件
<p>:{{ num|prefix }}</p>
```

三、自定义标签

Django 自定义标签

自定义标签可以分为三种类型:简单标签(simple_tag)、引用标签(inclusion_tag)、赋值标签(assignment_tag),本节对简单标签进行详细的描述。

(一)自定义标签准备工作

在自定义标签之前,需要做如下准备工作。

(1) 创建专门的 App 应用来装载自定义标签或者在项目原始 App 上进行自定义。

(2) 在 App 应用下创建名为 templatetags(名字不能变)的 Python Package 包,并在包中新建一个名为__init__.py 空文件,表明 templatetags 是个 Python 模块。

(3) 在新建的 templatetags 包中新建一个 ***.py(这里取名 mytags.py)文件,该文件命名时避免与内置标签与过滤器名字冲突,该文件是用来存放自定义的标签/过滤器定义的文件。

(4) 在 settings.py 文件的 INSTALLED_APPS 中添加 App。

注意:给 mytags.py 文件命名时,需要注意不能与 Django 内置的标签或者过滤器名字冲突,如同 Python 中命名不可以使用关键字一样,所以在命名时应该尽量使用带有下画线的命名方式,这样可以确保名字不冲突。

(5) 上述操作完成后就可以使用{% load mytags %}加载自定义标签。

(6) 设置模块变量 register。要在模块内自定义标签，该模块必须包含一个名为 register 的模板层变量，且它的值是 template. Library 的实例，所有的标签和过滤器都是在其中注册的。所以我们需要打开 mytags. py 文件，并在文件顶部加上如下代码：

```
from django import template
register = template.Library()
```

（二）自定义简单标签

简单标签通过接收参数，对输入的参数做一些处理并返回结果。在 mytags . py 文件中定义 addstr_tag 标签，代码如下：

```
#注册自定义简单标签
@register.simple_tag
def addstr_tag(strs):
    return 'Hello'%strs
```

addstr_tag 函数使用 register. simple_tag 进行装饰，目的是能够将 addstr_tag 注册到模板系统中。然后可以使用{% load %}加载自定义的标签，具体如下：

```
{% load mytags %}            #mytags 是自定义标签文件名
```

{% load mytags %}加载自定义标签，load 标签将加载指定的自定义标签，但是在 templatetags 目录中自定义标签或者过滤器的数量是没有限制的，用户可以根据自己的实际需求进行构建。

提示：{% load xxx%} 将会载入给定模块名下的标签或者过滤器，而不是 App 应用下的所有标签和过滤器。

（三）实现自定义简单标签

加载之后就可以使用自定义标签了，通过举例看一下实际的效果：

```
{% load index_tags %}
{% addstr_tag 'Django BookStore' %}
```

输出：

```
Hello Django BookStore
```

上述就是一个简单标签的实现过程，自定义不同类型的标签过程是一样的，而且还可以通过 name 参数给自定义的标签起别名，这样在使用 load 加载时就可以直接使用别名了，代码如下：

```
@register.simple_tag(name='abc')
```

任务：使用自定义简单标签实现分页

一、任务描述

读取数据库 areainfo 中的 China 表，运用 Bootstrap 和自定义标签实现如图 10-2 所示的分页效果。

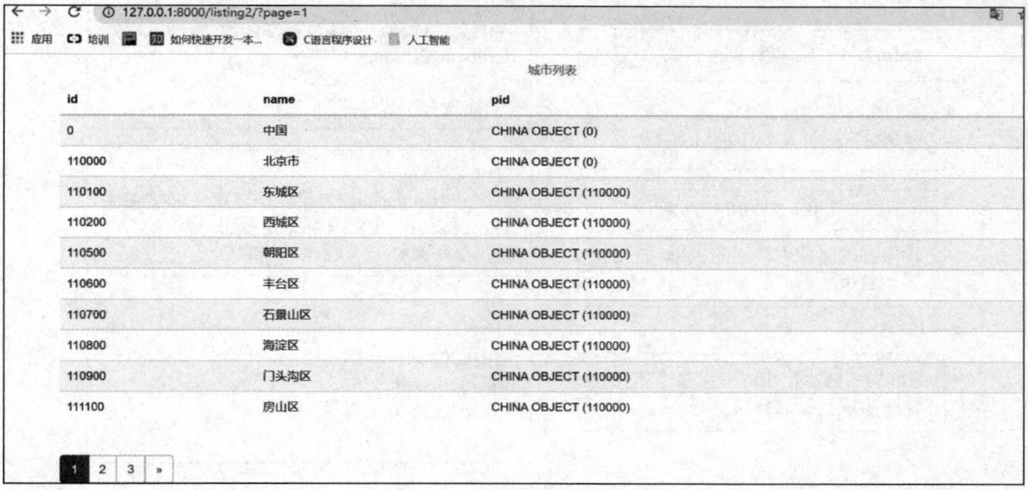

127.0.0.1:8000/listing2/?page=1

应用 培训 如何快速开发一本... C语言程序设计 人工智能

城市列表

id	name	pid
0	中国	CHINA OBJECT (0)
110000	北京市	CHINA OBJECT (0)
110100	东城区	CHINA OBJECT (110000)
110200	西城区	CHINA OBJECT (110000)
110500	朝阳区	CHINA OBJECT (110000)
110600	丰台区	CHINA OBJECT (110000)
110700	石景山区	CHINA OBJECT (110000)
110800	海淀区	CHINA OBJECT (110000)
110900	门头沟区	CHINA OBJECT (110000)
111100	房山区	CHINA OBJECT (110000)

1 2 3 »

图 10-2　分页效果 1

单击页面后实现 5 页数据的显示,如图 10-3 所示。

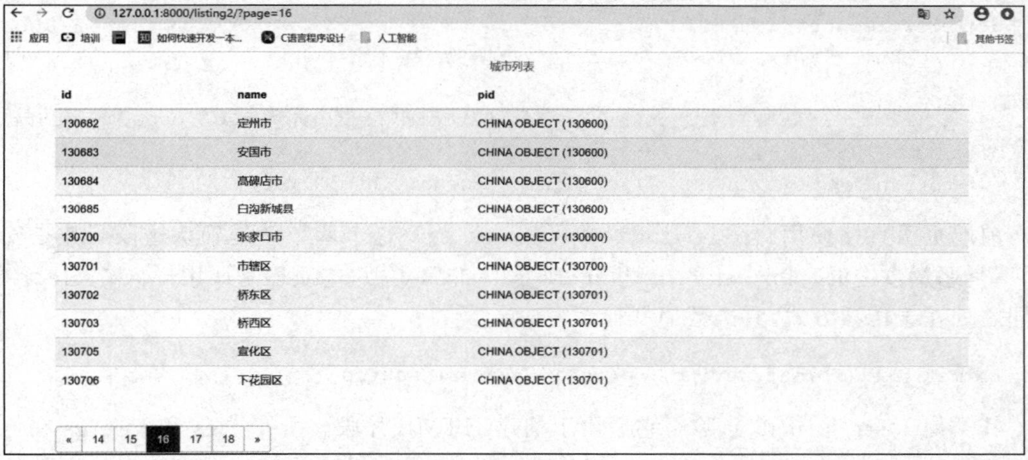

127.0.0.1:8000/listing2/?page=16

应用 培训 如何快速开发一本... C语言程序设计 人工智能 其他书签

城市列表

id	name	pid
130682	定州市	CHINA OBJECT (130600)
130683	安国市	CHINA OBJECT (130600)
130684	高碑店市	CHINA OBJECT (130600)
130685	白沟新城县	CHINA OBJECT (130600)
130700	张家口市	CHINA OBJECT (130000)
130701	市辖区	CHINA OBJECT (130700)
130702	桥东区	CHINA OBJECT (130701)
130703	桥西区	CHINA OBJECT (130701)
130705	宣化区	CHINA OBJECT (130701)
130706	下花园区	CHINA OBJECT (130701)

« 14 15 16 17 18 »

图 10-3　分页效果 2

二、任务实现流程

任务实现的具体流程如图 10-4 所示。

三、任务功能模块解析

(一) Django 使用 mark_safe()和 format_html()函数

Django 从 view 向 template 传递 HTML 字符串时,Django 默认不渲染此 HTML,原因是为了防止这段字符串里面有恶意攻击的代码。如果渲染这段字符串,需要在 view 里这样写:

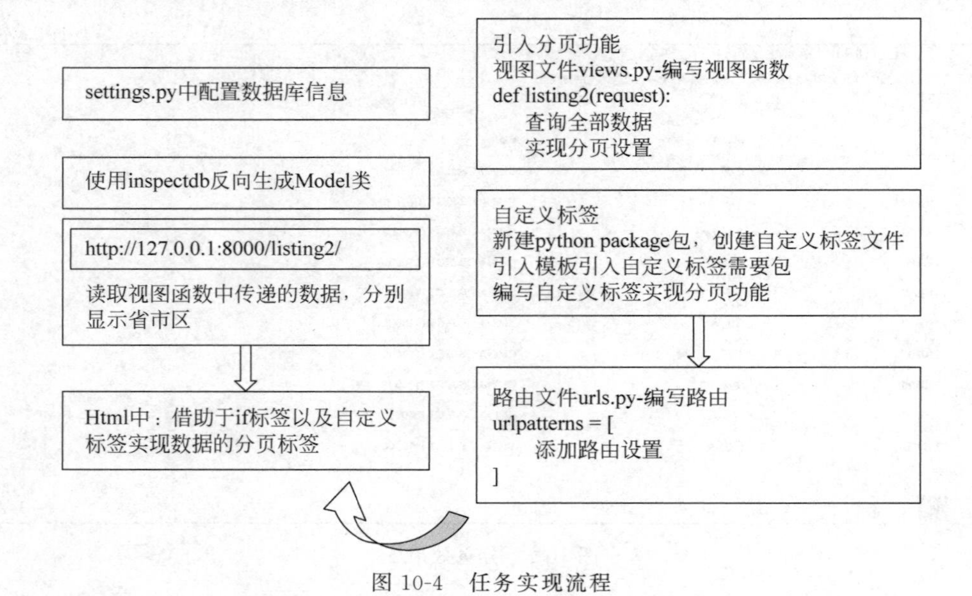

图 10-4　任务实现流程

```
from django.utils.safestring import mark_safe
def view(request):
    pageHtml = mark_safe("<a href='#'>首页</a>")
    ret =
{"equit_cate_list":list,"count":count,"ecform":ecform,"page":page,"pageHtml":
pageHtml}
    return render(request, "list_equip_category.html",ret)
```

前端页面直接使用{{pageHtml}}即可，mark_safe 这个函数就是确认这段函数是安全的，不是恶意攻击的。format_html 和 mark_safe 非常类似，本质还是调用 mark_safe 函数，不同之处在于传参方式，其函数原型如下：

```
format_html(format_string, *args, **kwargs)[source]
```

其类似于 str. format()，除了它适用于构建 HTML 片段。所有 args 和 kwargs 在传递给 str. format()之前都通过 conditional_escape()传递。对于构建小的 HTML 片段的情况，此函数优于直接使用 % 或 str. format()的字符串插值，因为它对所有参数应用转义，就像模板系统默认应用转义一样。

mark_safe 直接传递完整的 html 字符串，而 format_html 需要使用"{}"或者"%s"占位符：

```
format_html('<span style="color:{};">{}</span>', color_code, obj.approval)
```

如果不需要额外转义，确定代码不会引入任何 XSS 漏洞的情况下使用 mark_safe()。如果只是构建小的 HTML 片段，强烈建议使用 format_html()，而不是 mark_safe()。

（二）自定义简单标签实现分页

1. Django 返回 html 标签

（1）导入模板：

```
from django.utils.html import format_html            #处理将字符串作为标签发送到前端
```

(2) 定义自定义标签函数实现分页功能。circle_page 函数有两个参数,其中一个表示当前页码,另一个参数表示要查看的页码。

```
def circle_page(curr_page, look_page):
    offset = abs(curr_page-look_page)
    if offset < 3:
        if curr_page == look_page:
            page_ele = '<li class="active"><a href="?page=%s">%s</a></li>' % (look
_page, look_page)
        else:
            page_ele = '<li><a href="?page=%s">%s</a></li>' % (look_page, look_
page)
        return format_html(page_ele)
    else:
        return ''
```

2. 引入自定义标签

```
{% load ***%}            #***是自定义的简单标签视图函数名
```

四、任务实现过程

(1) 新建 Django 项目 pageDemo,新建静态文件夹 static,在此文件夹下添加 CSS、JS、images 文件夹,并将页面中使用到的 Bootstrap 样式列表、JS 文件、图片分别存放在 static 下对应的文件夹中。

在配置文件 settings.py 中配置 STATICFILES_DIRS 为静态文件的存储路径,具体代码如下:

```
STATICFILES_DIRS = [
    os.path.join(BASE_DIR, 'static')
]
```

(2) 创建 App-HWapp,引入 os 文件包,同时在配置文件 settings.py 中添加 App,注释中间件以及设置数据库基本信息(连接数据库是 areainfo)。

(3) 连接数据库并实现数据库的反向映射。

pageDemo 下的 init_py 中添加如下代码:

```
import pymysql
pymysql.install_as_MySQLdb()
```

Terminal 中输入命令行实现数据库反向映射 Model 类:

```
python manage.py inspectdb >HWApp/models.py
```

此时可以打开 HWapp 下的 models.py 查看数据表是否已经映射过来。

(4) 在 templates 下新建 test2.html,以表格形式展示数据信息,参考页面如图 10-5 所示。

主要的 html 代码参考如下:

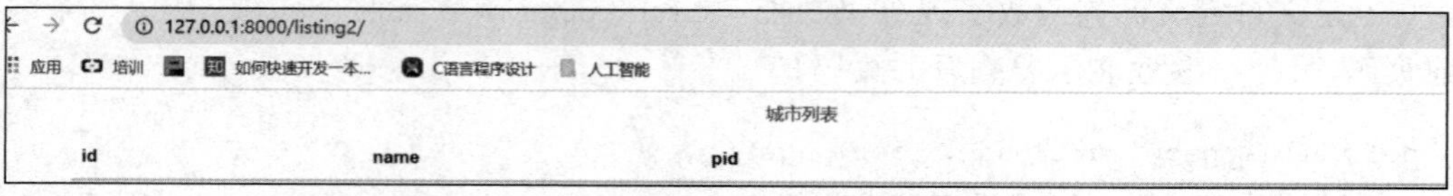

图 10-5　表格效果

```
<div class="container">
    <table class="table table-hover table-striped">
        <caption class="text-center">城市列表</caption>
        <thead>
        <tr>
            <th>id</th>
            <th>name</th>
            <th>pid</th>
        </tr>
        </thead>
        <tbody>
        #这里是读取传递过来的数据,使用 for 标签遍历
        {% for item in cont %}
        <tr>
            {# 字符大写过滤器的使用 #}
            <td>{{ item.id|upper }}</td>
            <td>{{ item.name|upper }}</td>
            <td>{{ item.pid|upper }}</td>
        </tr>
        {% endfor %}
        </tbody>
    </table>
```

(5) 编写自定义标签。

① 在 App 应用下创建名为 **templatetags**(名字不能改变) 的 Python Package 包,并在包中新建一个名为__init__. py 空文件,新建一个 mytags. py 文件。

② 完成 mytags. py 文件的定义:

```
from django import template
from django.utils.html import format_html
register = template.Library()
# 注册标签
@register.simple_tag()
def circle_page(curr_page, look_page):
    offset = abs(curr_page-look_page)
    if offset < 3:
        if curr_page == look_page:
            page_ele = '<li class="active"><a href="?page=%s">%s</a></li>' % (look
_page, look_page)
        else:
            page_ele = '<li><a href="?page=%s">%s</a></li>' % (look_page, look_
page)
        return format_html(page_ele)
```

```
    else:
        return ''
```

③ 在 html 中加载自定义标签。

在< head >中加载自定义标签：

```
<head>
    <meta charset="UTF-8">
    <title>Title</title>
    <link rel="stylesheet" href="../static/css/bootstrap.css">
    {% load mytags %}
</head>
```

④ 在 html 中引入自定义标签：

```
<nav aria-label="Page navigation">
    <ul class="pagination">
        {% if cont.has_previous %}
        <li>
            <a href="?page={{ cont.previous_page_number }}" aria-label="Previous">
                <span aria-hidden="true">&laquo;</span>
            </a>
        </li>
        {% endif %}
    {% for pg in cont.paginator.page_range %} {# page_range 页面范围 #}
        {% circle_page cont.number pg %} {#当前页码 #}
    {% endfor %}
        {% if cont.has_next %}
        <li>
            <a href="?page={{ cont.next_page_number }}" aria-label="Next">
                <span aria-hidden="true">&raquo;</span>
            </a>
        </li>
        {% endif %}
    </ul>
</nav>
</div>
```

（6）编写视图函数。

```
def listing2(request):
    cont_list = China.objects.all()
    paginator = Paginator(cont_list,10,2)
    page = request.GET.get('page')
    try:
        cont = paginator.page(page)
    except PageNotAnInteger:
        cont = paginator.page(1)
    except EmptyPage:
        cont = paginator.page(paginator.num_pages)
    return render(request, 'test2.html', {'cont':cont})
```

(7) 编写路由函数。

```
urlpatterns = [
    path('listing2/',views.listing2),
]
```

任务评价

通过该任务的实现,检查自己是否掌握了以下技能,在表格中给出个人评价。

评 价 标 准	个 人 评 价
能够在 PyCharm 集成开发环境中,新建 Django 项目	
能够创建项目 App	
能够引入前端框架 Bootstrap,并了解其组件等内容	
能够使用 inpectdb 命令反向生成 Model 模型	
能够利用 Bootstrap 中的自定义标签、过滤器实现分页	
能够使用 Django 中的 Paginator 类完成分页	
能够使用异常处理处理异常情况发生	
能够编写 urls. py 实现路由设置	
能够启动项目	

注:A 表示完全能做到,B 表示基本能做到,C 表示部分能做到,D 表示基本做不到。根据自身情况填入上表中。

 笔记整理

获取数据表中信息并添加列表传递到前端的基本过程代码

能力提升

使用自定义标签实现学生数据表的分页显示。

延伸阅读

一、自定义引用标签

自定义引用标签可以对其他模板进行渲染,然后将渲染结果输出。inclusion_tag,顾名思义,即可以引用,具体是可以引用当前上下文环境的 Context 参数,实际操作如下。

(一)定义模板文件

在 BookStore/templates 中定义模板文件 inclusion.html,并在 body 中编写如下代码:

```
<p>{{ hello }}</p>
```

(二)在 mytags.py 中自定义引用标签

引用标签使用 register.inclusion_tag 来注册,它的第一个参数用来指定要被渲染的模板文件,takes_context=True 参数可以让用户访问模板的当前环境上下文,并将当前环境上下文中的参数和值作为字典传到函数的 contex 参数中,当使用 take_context=True 时,注册标签函数的第一个参数必须为 context。

```
#注册自定义引用标签
@register.inclusion_tag('inclusion.html',takes_context=True)
#定义函数渲染模板文件 inclusion.html
#使用 takes_context=True 此时第一个参数必须为 context
def add_webname_tag(context,namestr):
    return {'hello':'%s %s'%(context['varible'],namestr)}
```

(三)模板中引入自定义标签文件

实现加载 mytag.py 文件{% load mytag %},在并内容区域使用标签

```
{% add_webname_tag 'C 语言中文网' % }
{% load mytags %}
{% add_webname_tag 'C 语言中文网' %}
```

从输出的结果可以得出,引用标签对 inclusion.html 模板进行了渲染,将{{ hello }}变量渲染成 Hello C 语言中文网。

二、自定义赋值标签

赋值标签 assignment_tag 其实就是简单标签,只不过在使用的时候,不直接输出结果,而是使用 as 关键字将结果存储在指定的上下文变量中,从而降低了传输上下文的成本。

为了简单化设置上下文中变量的标签的创建,Django 提供一个辅助函数 assignment_tag。这个函数方式的工作方式与 simple_tag 相同,不同之处在于它将标签的结果存储在指定的上下文变量中而不是直接将其输出,例如:

```
@register.assignment_tag
def get_current_time(format_string):
    return datetime.datetime.now().strftime(format_string)
```

使用 as 参数后面跟随变量的名称将结果存储在模板变量中，并将它输出到需要的地方：

```
{% get_current_time "%Y-%m-%d %I:%M %p" as the_time %}
<p>The time is {{ the_time }}.</p>
```

如果模板标签需要访问当前上下文，可以在注册标签时使用 takes_context 参数，注意此时函数的第一个参数必须作为 context：

```
@register.assignment_tag(takes_context=True)
def get_current_time(context, format_string):
    timezone = context['timezone']
    return your_get_current_time_method(timezone, format_string)
```

assignment_tag 函数可以接收任意数量的位置参数和关键字参数。例如：

```
@register.assignment_tag
def my_tag(a, b, *args, **kwargs):
    warning = kwargs['warning']
    profile = kwargs['profile']
    ...
    return ...
```

在模板中可以将任意数量的由空格分隔的参数传递给模板标签。像在 Python 中一样，关键字参数的值的设置使用等号("＝")，并且必须在位置参数之后提供。例如：

```
{% my_tag 123 "abcd" book.title warning=message|lower profile=user.profile as the
_result %}
```

三、社会自适应能力

在 Django 中可以使用 BootStrap 前端框架，该框架最大的特点就是可以依据屏幕大小实现自适应。托尔斯泰说“世界上有两种人：一种是观望者，一种是行动者。大多数人都想改变这个世界，但没有想改变自己。”有时候，我们改变不了我们周围的环境，可是我们却可以改变自己，改变自己看待周围环境的心态以及目光，到了那个那时候，你会发现其实身边每一样事物看上去都是那么美好，那么环境不就是已经改变了吗？

当代大学生社会适应能力包括以下一些方面：个人生活自理能力、基本劳动能力、选择并从事某种职业的能力、社会交往能力、用道德规范约束自己的能力。从某种意义上来说就是指社交能力、处事能力、人际关系能力。同时，社会适应能力是反映一个人综合素质能力高低的间接表现，是人这个个体融入社会、接纳社会能力的表现。

相信自己，改变自己！

项目十一

保存与退出登录状态

需求分析

在 Django 中可以通过 HTML Form 表单实现登录注册功能，在排除用户手动删除浏览器数据未过期的情况下，用户如果在某网站登录过一次，下次再访问这个网站，可以不需要输入用户名和密码就可以进入网站，这就是通过 Cookie 和 Session 实现的。本节主要对 Session 实现用户保存用户登录和退出进行介绍。

学习目标

知识目标：

1. 掌握 Cookie、Session 的使用原理；
2. 掌握使用 Session 保存与退出登录状态。

能力目标：

1. 能使用 Session 实现用户登录信息的存储与退出；
2. 能使用借鉴多个网页特效实现网页的设计。

素质目标：

1. 培养学生综合运用知识的能力；
2. 培养学生的自主创新能力。

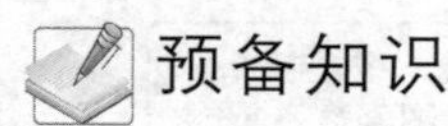

预备知识

一、Cookie 和 Session 产生的必要性

Django 中的 Cookie

HTTP 协议是无状态的、无连接的协议，也就是每次请求都是独立的，它的执行情况和结果与前面的请求和之后的请求都无直接关系，它不会受前面的请求响应情况的直接影响，也不会直接影响后面的请求响应情况。但是有很多实际应用中的例子，似乎都表明 HTTP 是“有状态”的。比如登录一个网站，并没有输入账号密码就会自动登录，在购物车中购买的商品，并没有标注你的身份就可以被服务器正确识别，这是怎么一回事呢？其实做到这些的并不是 HTTP，而是另外两个技术：Cookie 和 Session。

Cookie 并不是它的原意“甜饼”的意思，而是一个保存在客户机中的简单的文本文件，这个文件与特定的 Web 文档关联在一起，保存了该客户机访问这个 Web 文档时的信息，当客户机再次访问这个 Web 文档时这些信息可供该文档使用。

Cookie 虽然在一定程度上解决了“保持状态”的需求，但是由于 Cookie 本身最大支持 4096 字节，以及 Cookie 本身保存在客户端，可能被拦截或窃取，因此就需要有一种新的东西，它能支持更多的字节，并且需要保存在服务器，有较高的安全性，这就是 Session。

二、Cookie 和 Session 的区别

（1）数据存储位置：Cookie 数据存放在客户的浏览器上，Session 数据存放在服务器上。

（2）安全性：Cookie 不是很安全，别人可以分析存放在本地的 Cookie 并进行 Cookie 欺骗，考虑到安全应当使用 Session。

（3）服务器性能：Session 会在一定时间内保存在服务器上。当访问增多，会比较占用你服务器的性能，考虑到减轻服务器性能方面，应当使用 Cookie。

（4）数据大小：单个 Cookie 保存的数据不能超过 4KB，很多浏览器都限制一个站点最多保存 20 个 Cookie。

（5）信息重要程度：可以考虑将用户信息等重要信息存放在 Session，其他信息如果需要保留，可以放在 Cookie 中。

（6）数据类型：Session 中保存的是 Object 类型，Cookie 中保存的是 String 类型。

（7）生存周期：Session 会随会话的结束而将其存储的数据销毁，Cookie 可以长期保存在客户端。

学习要点

一、知识一览图

实现本项目需要的知识如图 11-1 所示。

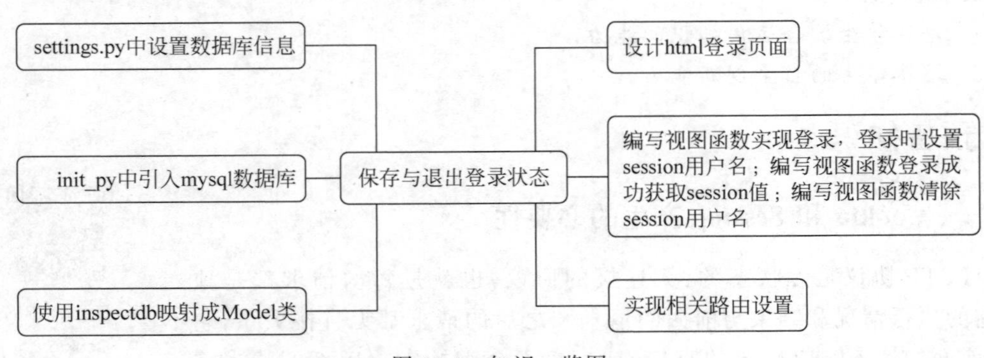

图 11-1　知识一览图

二、Session 的定义与作用

Django 中的 Session

（一）Session 的定义

Session 又名会话控制，它的根本作用是在服务器上开辟一段空间用于保留浏览器和服务器交互时的会话信息。它代表服务器与浏览器的一次会话过程，这个过程可以是连续的，也可以是时断时续的。Session 是一种服务器端的机制，Session 对象用来存储特定用户会话所需的信息。Session 由服务端生成，并且保存在服务

器端的内存或者缓存中,也可以是硬盘或数据库中。

提示:使用 Session 需要在浏览器客户端中启动 Cookie,且需要使用 Cookie 中存储的 Sessionid。Sessionid 是服务器返回给浏览器的唯一标识。

(二) Session 的作用

当用户使用浏览器访问服务器时,服务器就会为该浏览器建立一个 Session 会话控制。在创建这个 Session 时,服务器通过 SessionId 来检查是否该浏览器是第一次访问。若是初次访问,则服务器会为客户端浏览器创建一个 Session 并且生成一个 SessionId。通过 HttResponse 响应将 SessionId 发送给浏览器,浏览器接收后会将这个具有标识性的 SessionId 保存在 Cookie 中,再次访问的时候由 Cookie 携带着它去访问服务器。

SessionId 本质上是一个加密的字符串,具有唯一性与不可重复性。这就相当于服务器给浏览器发放了一张令牌或者通行证,告诉浏览器下次你再访问我的时候,拿着通行证来。这就解决了 HTTP 无状态、无记忆的问题,当再次访问服务器时就可以实现用户的免登录了。Session 的典型应用场景分别是:判断用户是否登录及实现商城的购物车的功能。实现的基本过程如图 11-2 所示。

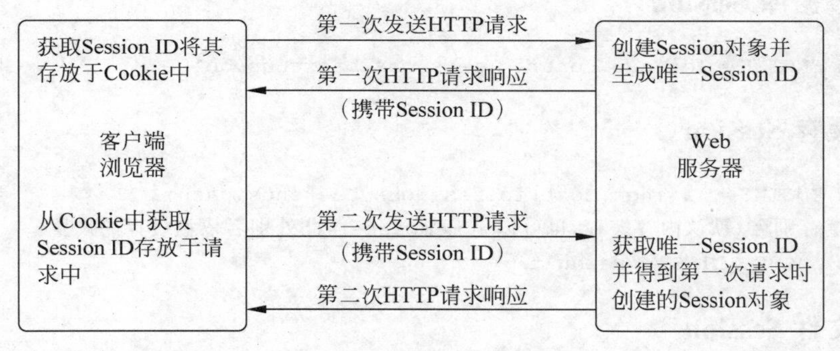

图 11-2 Session 实现过程

三、Session 的操作

Django 中 Session 数据是保存在数据库中的,在操作 Session 的时候,这些细节不需要过多关注,只需要通过 request.session 即可操作。Django 中 Session 的基本操作如表 11-1 所示。

表 11-1 Session 的基本操作

方 法	描 述
request.session['键']=值	以键-值对的格式写 session
request.session.get('键',默认值)	根据键读取值
request.session['键']	根据键读取值
request.session.clear()	清除当前这个用户的 session 数据
request.session.flush()	删除 session 并删除在浏览器中存储的 sessionid,在注销时用得较多
del request.session['键']	删除 session 中的指定键及值,在存储中只删除某个键及对应的值
request.pop['键']	删除 session 中的指定键及值,并返回删除的键-值对

续表

方法	描述
request.keys	从 session 中获取所有的键
request.items	从 session 中获取所有的值
request.session.set_expiry(value)	设置 session 数据有效时间；如果不设置，默认过期时间为两周
request.session.clear_expiry()	清除过期的 session，Django 不会自动清理过期的 session，需手动清理

注意：操作 Session 信息是通过 request 对象来完成的，而设置 Cookie 信息是通过 resopnse 对象来完成的。

四、Django 中 Session 配置

使用 Session 需要先配置，在 settings.py 中依据需要选择数据库 Session、缓存 Session、文件 Session 等，具体配置代码如下。

（一）数据库 Session

```
SESSION_ENGINE = 'django.contrib.sessions.backends.db'                #引擎(默认)
```

（二）缓存 Session

```
SESSION_ENGINE = 'django.contrib.sessions.backends.cache'             #引擎
#使用的缓存别名(默认内存缓存,也可以是 memcache),此处别名依赖缓存的设置
SESSION_CACHE_ALIAS = 'default'
```

（三）文件 Session

```
SESSION_ENGINE = 'django.contrib.sessions.backends.file'              #引擎
#缓存文件路径,如果为 None,则使用 tempfile 模块获取一个临时地 tempfile.gettempdir()
SESSION_FILE_PATH = None
```

（四）缓存+数据库

```
SESSION_ENGINE = 'django.contrib.sessions.backends.cached_db'         #引擎
```

（五）加密 Cookie Session

```
SESSION_ENGINE = 'django.contrib.sessions.backends.signed_cookies'   #引擎
```

以上五种类型 Session 选择其一即可，其他公用设置项：

```
# Session 的 cookie 保存在浏览器上时的 key,即 sessionid=随机字符串(默认)
SESSION_COOKIE_NAME = "sessionid"
SESSION_COOKIE_PATH = "/"                 #Session 的 Cookie 保存的路径(默认)
SESSION_COOKIE_DOMAIN = None              #Session 的 Cookie 保存的域名(默认)
SESSION_COOKIE_SECURE = False             #是否 Https 传输 Cookie(默认)
SESSION_COOKIE_HTTPONLY = True            #是否 Session 的 Cookie 只支持 HTTP 传输(默认)
```

```
SESSION_COOKIE_AGE = 1209600              #Session的Cookie失效日期(2周)(默认)
SESSION_EXPIRE_AT_BROWSER_CLOSE = False   #是否关闭浏览器使Session过期(默认)
#是否每次请求都保存Session,默认修改之后才保存
SESSION_SAVE_EVERY_REQUEST = False
```

任务:利用Session实现保存及退出用户登录状态

一、任务描述

将数据表映射到Models模型中,利用Session保存用户名信息,当登录成功后显示用户名信息,若选择退出登录则清空用户登录信息,参考页面如图11-3～图11-5所示。

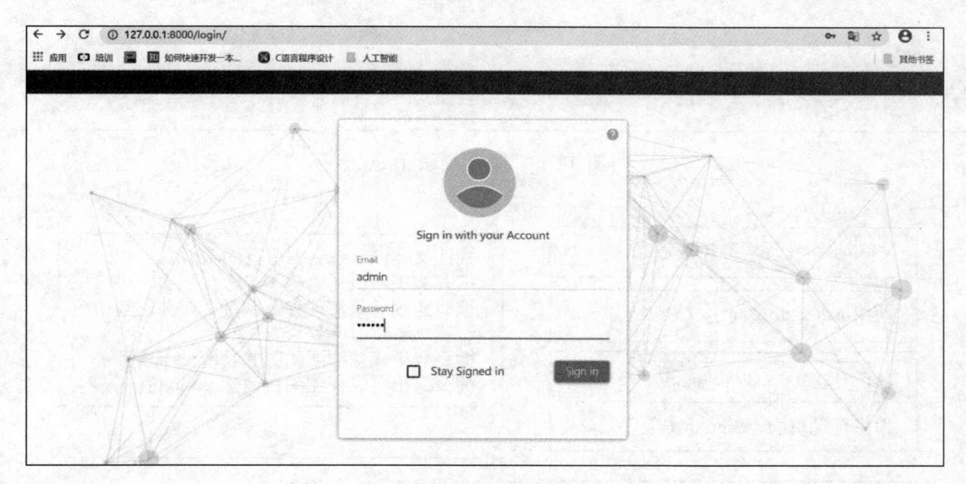

图11-3　登录页面

图11-4　登录成功后

二、任务实现流程

任务实现的具体流程如图11-6所示。

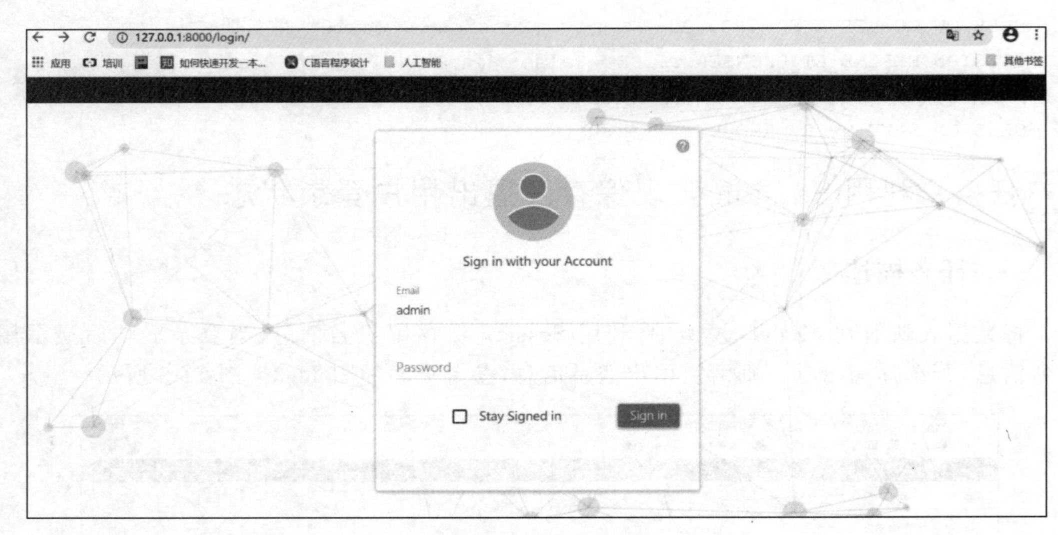

图 11-5　保存登录信息

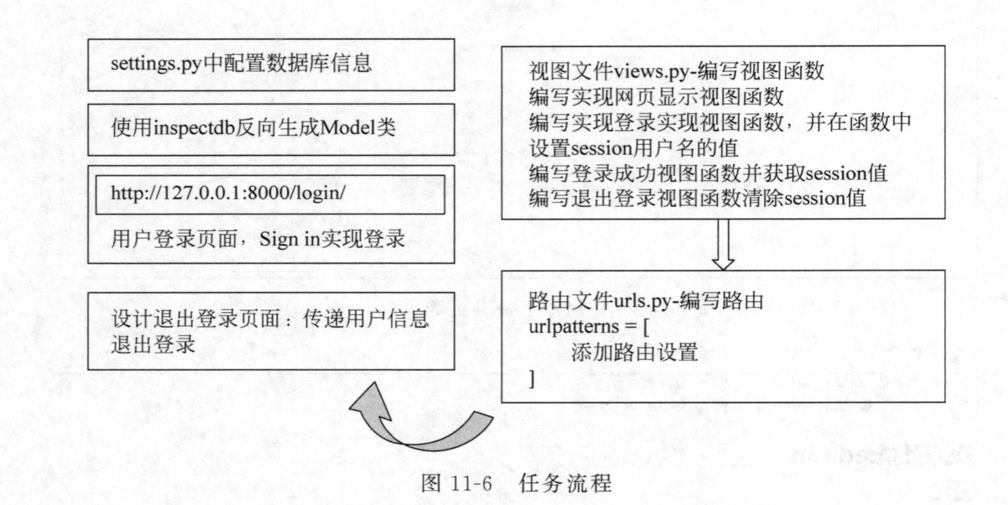

图 11-6　任务流程

三、任务功能模块解析

（一）子类 HttpResponseRedirect

当一个逻辑处理完成后，不需要向客户端呈现数据，而是转回到其他页面，如添加成功、修改成功、删除成功后显示数据列表，而数据的列表视图已经开发完成，此时不需要重新编写列表的代码，而是转到这个视图就可以，此时就需要模拟一个用户请求的效果，从一个视图转到另外一个视图，称为重定向。

Django 中提供了 HttpResponseRedirect 对象实现重定向功能，这个类继承自 HttpResponse，被定义在 django. http 模块中，返回的状态码为 302。其构造函数的第一个参数是必要的——用来重定向的地址。可以是完全特定的 URL 地址（如 http://www. yahoo. com/search/），或者是一个不包含域名的绝对路径地址（如/search/）。

（二）重定向简写函数 redirect()

在 django.shortcuts 模块中为重定向类提供了简写函数 redirect()，HttpResponseRedirect 支持的 redirect()均支持。

（三）DjangoModel select 的用法

Django 查询数据库的方法很多，不同的方法返回的结果不一样，这里 Users 是映射过来的 Model 模型，基本查询操作如下。

（1）#获取所有数据，对应 SQL：

```
select * from Users
Users.objects.all()
```

（2）#匹配，对应 SQL：

```
select *  from Users where name='oot'
Users.objects.filter(name='root')
```

（3）#不匹配，对应 SQL：

```
select *  from Users where name !='root'
Users.objects.exclude(name='root')
```

（4）#获取单条数据（有且仅有一条，id 唯一），对应 SQL：

```
select *  from Users where id=123
Users.objects.get(id=123)
```

（5）#获取总数，对应 SQL：

```
select count(1) from Users
Users.objects.count()
```

（6）#排序，order by，正序，对应 SQL：

```
select *  from Users where name='root' order by id
Users.objects.filter(name='root').order_by('id')
```

其中，返回结果是可迭代对象 queryset：

```
all(),filter(),exclude(),order_by(),reverse(),values(),values_list(),distinct()
```

返回结果是对象的：get()、first()、last()。

Django 的 get 是从数据库里取得唯一一个匹配的结果，返回一个对象。调用中，objects 管理器返回查询到 model 对象（注意：查询结果有且只有一个才执行）；如果查询结果有多个，会报错 MultipleObjectsReturned，如果查询结果有 0 个，会报错 DoseNotExist。

```
re=Users.objects.get(id="123")
```

可以使用“re.字段名”实现访问具体字段值。

返回结果是布尔值的：exists()。

exists()如果 QuerySet 包含数据，就返回 True，否则返回 False。exists()由 QuerySet

对象调用，返回是值布尔值：is_exist＝Users. objects. all(). exists()。

返回结果是数字的：count()。

由 QuerySet 对象调用，返回 int：ret＝Users. objects. all(). count()。

四、任务实现过程

(1) 新建 Django 项目 SessionDemo，新建静态文件夹 static，在此文件夹下添加 CSS、JS、images 文件夹，并将页面中使用到的样式列表、JS 文件、图片分别存放在 static 下对应的文件夹中。

在配置文件 settings. py 中配置 STATICFILES_DIRS 为静态文件的存储路径，具体代码如下：

```
STATICFILES_DIRS = [
    os.path.join(BASE_DIR, 'static')
]
```

(2) 创建 App-HWapp，引入 os 文件包，同时在配置文件 settings. py 中添加 App，注释中间件以及设置数据库基本信息(连接数据库是 students)。

(3) 连接数据库并实现数据库的反向映射。

① SessionDemo 下的 init_py 中添加如下代码：

```
import pymysql
pymysql.install_as_MySQLdb()
```

② Terminal 中输入命令行实现数据库反向映射 Model 类：

```
python manage.py inspectdb >HWApp/models.py
```

此时可以打开 HWapp 下的 models. py 查看数据表是否已经映射过来。

(4) 利用提供的素材在 templates 下新建 login. html，样式参考如图 11-7 所示。

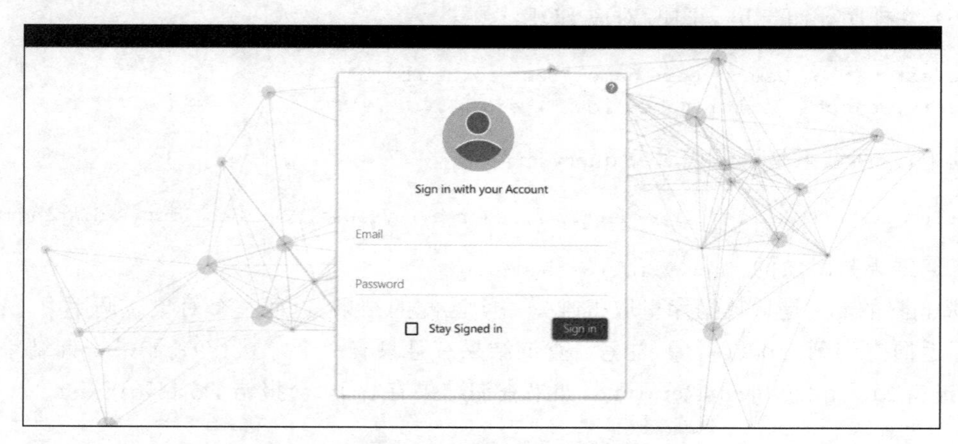

图 11-7　参考 login 页面样式

(5) 在 templates 下新建 index. html，设计登录成功页面，显示登录用户名以及退出登录链接，其中 admin 是从 login 页面中获取的登录信息，效果如图 11-8 所示。

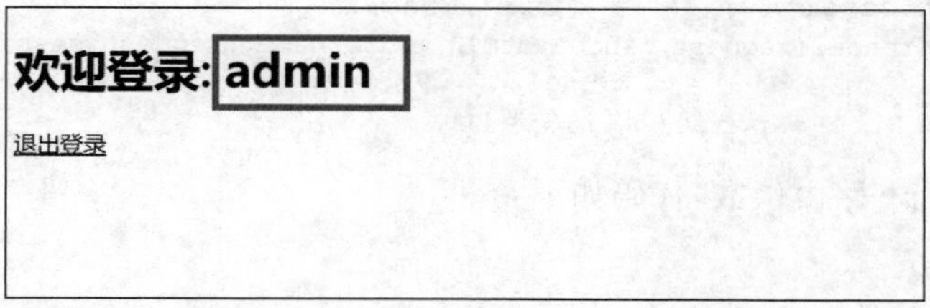

欢迎登录: admin

退出登录

图 11-8　参考 index 页面样式

参考 html 代码如下：

```
<body>
<h1>欢迎登录:{{username}}</h1>
<a href="/logout/">退出登录</a>
</body>
```

其中，username 是传递的登录信息；logout 是退出登录的方法。

(6) 在 settings. py 中配置 Session，将以下代码复制在 settings. py 的最后：

```
SESSION_ENGINE = 'django.contrib.sessions.backends.file' #引擎
#缓存文件路径，如果为 None，则使用 tempfile 模块获取一个临时地 tempfile.gettempdir()
SESSION_FILE_PATH = None
SESSION_COOKIE_NAME = "sessionid"
SESSION_COOKIE_PATH = "/"                #Session 的 Cookie 保存的路径(默认)
SESSION_COOKIE_DOMAIN = None             #Session 的 Cookie 保存的域名(默认)
SESSION_COOKIE_SECURE = False            #是否 Https 传输 Cookie(默认)
SESSION_COOKIE_HTTPONLY = True           #是否 Session 的 Cookie 只支持 HTTP 传输(默认)
SESSION_COOKIE_AGE = 1209600             #Session 的 Cookie 失效日期(2 周)(默认)
SESSION_EXPIRE_AT_BROWSER_CLOSE = False    #是否关闭浏览器使得 Session 过期(默认)
```

(7) 实现保存登录状态，编写 views. py 视图函数。

① 视图函数实现进入 login. html 页面，代码如下：

```
def login(request):
    return render(request,'login.html')
```

② 进入 login. html 页面修改 form 表单属性如下：

```
<form action="/do_login/" id="login-form" method="post">
```

设置用户名文本框的 name 属性为 username，密码文本框的 name 属性为 password。

③ 视图函数实现用户登录验证，代码如下：

```
def do_login(request):
    username = request.POST.get('username')
    password = request.POST.get('password')
    use = Users.objects.get(name=username)
    if password == use.password:
        request.session['username'] = username
        request.session['is_login'] = True
        return HttpResponseRedirect('/index/')
    else:
        return HttpResponseRedirect('/login/')
def index(request):
```

```
    if request.session.get('is_login',None):
        return render(request,'index.html',{'username':request.session['username']})
    else:
        return HttpResponse('请先登录')
```

(8) 编写 urls.py 路由函数,代码如下:

```
urlpatterns =[
    path('login/',views.login),
    path('index/',views.index),
]
```

(9) 实现退出登录状态,编写 views.py 视图函数,代码参考如下:

```
def logout(request):
    request.session.clear() #清空缓存
    return redirect('/login/')
```

(10) 编写 urls.py 路由函数,代码如下:

```
urlpatterns =[
    path('logout/', views.logout, name='/logout/'),
]
```

任务评价

通过该任务的实现,检查自己是否掌握了以下技能,在表格中给出个人评价。

评价标准	个人评价
能够在 PyCharm 集成开发环境中,新建 Django 项目	
能够创建项目 App	
能够使用 inpectdb 命令反向生成 Model 模型	
能够利用 Session 记住用户信息	
能够自动获取 Session 中的信息	
能够配置 settings.py 中的 Session	
能够编写 urls.py 实现路由设置	
能够启动项目	

注:A 表示完全能做到,B 表示基本能做到,C 表示部分能做到,D 表示基本做不到。根据自身情况填入上表中。

笔记整理

保存用户登录状态以及退出登录核心代码

能力提升

将任务实现中的 login 和 do_login 两个视图函数合并实现保存与退出登录状态。

延伸阅读

一、Django 操作 Cookie

（一）Cookie 的产生

Cookie 是保存在浏览器端的键-值对，可以用来存储用户登录的凭证，以及一些关于用户网页设置的相关信息。在网站中，HTTP 请求是无状态的，即使第一次和服务器连接并且登录成功后，第二次请求服务器的时候服务器仍然不能知道当前是哪个用户的请求。Cookie 的出现就是为了解决这个问题。

第一次登录后服务器返回一些数据（Cookie：将用户信息作为内容写入 Cookie 中，如用户名）给浏览器，然后浏览器保存到本地，当该用户第二次请求服务器响应的时候，就会自动地把上次请求存储的 Cookie 数据携带给服务器，服务器通过浏览器携带的数据就能判断是哪个用户请求数据了。第一次访问页面时，服务器将 Cookie 信息放在响应头中发送给客户端。此后浏览器再次访问时网站时就将 Cookie 信息放在请求头中发送给服务器，访问网站首页时服务器返回 Cookie 信息（用户已登录），再访问这个网站其他网页时就只需要接收 Cookie 就能根据 Cookie 确定当前是哪个用户了。

（二）Cookie 的特性

Cookie 存储的数据量有限，不同的浏览器有不同的存储大小，但一般不超过 4KB，很多浏览器都限制一个站点最多保存 20 个 Cookie，因此使用 Cookie 只能存储一些小量的数据。

Cookie 的特性如下。

（1）Cookie 是由服务器生成的存储在浏览器端的一小段文本信息。

（2）以键-值对方式进行存储。

（3）通过浏览器访问一个网站时，会将浏览器存储的与网站相关的所有 Cookie 信息发送给该网站的服务器。

（4）Cookie 是基于域名安全的。

（5）Cookie 是有过期时间的，如果不指定，默认关闭浏览器之后 Cookie 就会过期。

（6）Cookie 的不可跨域名性：很多网站都会使用 Cookie。例如，Google 会向客户端颁发 Cookie，Baidu 也会向客户端颁发 Cookie。根据 Cookie 规范，浏览器访问 Google 只会携带 Google 的 Cookie，而不会携带 Baidu 的 Cookie。Google 也只能操作 Google 的 Cookie，而不能操作 Baidu 的 Cookie。Cookie 在客户端是由浏览器来管理的。浏览器能够保证 Google 只会操作 Google 的 Cookie 而不会操作 Baidu 的 Cookie，从而保证用户的隐私安全。浏览器判断一个网站是否能操作另一个网站 Cookie 的依据是域名。Google 与 Baidu 的域名不一样，因此 Google 不能操作 Baidu 的 Cookie。

（三）Django 中操作 Cookie

在 Django 服务器端来设置浏览器的 Cookie 必须通过 HttpResponse 对象来完成。在

HttpResponse 对象中设置 Cookie 信息，在 HttpRequest 对象中获取 Cookie 信息。

（1）设置 Cookie：将设置的 Cookie 值发送给浏览器，通过 HttpResponse 对象来设置。设置 Cookie 可以通过"HttpResponse 对象. set_cookie()"来完成，set_cookie()方法原型如下：

```
set_cookie(self, key, value='', max_age=None, expires=None, path='/',
        domain=None, secure=False, httponly=False, samesite=None)
```

set_cookie()方法的相关参数：key：Cookie 的键名，必填参数；value：Cookie 的值，必填参数；Cookie 是以键-值对方式进行存储，具体参数如表 11-2 所示。

表 11-2　set_cookie 参数描述

参 数 名	描　　述
key	这个 Cookie 的 key
value	这个 Cookie 的 value
max_age	最长生命周期，单位是秒(s)
expires	过期时间，跟 max_age 类似，只不过这个参数需要传递一个具体的日期，如 datetime 或者是符合日期格式的字符串。注意，如果同时设置了 expires 和 max_age，那么将会使用 expires 的值作为过期日期
path	对域名下哪个路径有效。默认是对域名下的所有路径都有效
domain	针对哪个域名有效。默认是针对主域名下都有效，如果只针对某个子域名才有效，可以设置这个属性
secure	是否是安全的，如果设置为 True，那么只能在 https 协议下才可用
httponly	默认是 False。如果为 True，那么在客户端不能通过 JavaScript 进行操作

（2）获取 Cookie：获取浏览器发送过来指定键名的 Cookie 信息，可以通过以下两个方法进行。

① request. COOKIES['key']

② request. COOKIES. get('key')

（3）删除 Cookie：删除 Cookie 信息，就是使用 delete_cookie()方法来删除一个 Cookie 信息。实际上删除 Cookie 就是将指定的 Cookie 的值设置为空的字符串，然后将过期时间设置为 0，也就是浏览器关闭后就过期。delete_cookie()方法也是 HttpResponse 对象的方法，所以需要先实例化一个 HttpResponse 对象；参数为待删除 Cookie 信息的键名。

在退出登录操作时，如果代码使用的是 delete_cookie()，那么实际上还是会处于登录状态。因为 delete_cookie()表示浏览器关闭后就过期。所以如果想"退出登录"后就无登录信息，可以随便设置一个 Cookie 信息，然后使它的到期时间为负数：response. set_cookie("userID",None,max_age=－1)。

二、整体与局部的辩证关系

在使用 Django 框架实现 Web 开发时需要考虑前端，也需要考虑到数据库，既要统揽全局又要照顾到各个方面，即整体与局部相互依赖，互为存在和发展的前提。整体由局部组成，离开了局部，整体就不能存在。

整体功能状态及其变化也会影响到部分，部分的功能及其变化甚至对整体的功能起决

定作用。整体部分的辩证关系的方法论意义，一是树立整体观念和全局的思想，从整体出发，在整体上选择最佳行动方案，实现最优目标；二是搞好局部，使整体功能得到最大限度的发挥。

党中央对民生问题持续关注，在经济发展的基础上，着力保障和改善民生。党的报告提出，努力使全体人民学有所教、劳有所得、病有所医、老有所养、住有所居，推动建设和谐社会。整体与部分是辩证统一的，要坚持整体与部分的统一。在我国，和谐社会建设与改善民生是整体与部分的关系，二者密切联系，不可分割。

参考文献

[1] 黑马程序员. Python Web 企业级项目开发教程(Django 版)[M]. 北京：中国铁道出版社，2020
[2] 胡阳. Django 企业开发实战[M]. 北京：人民邮电出版社，2019
[3] 黄索远. Django 项目开发实战[M]. 北京：清华大学出版社，2020
[4] 段艺，涂伟忠. Django 开发从入门到实践[M]. 北京：机械工业出版社，2019